LA
FAUNE MOMIFIÉE

DE

L'ANCIENNE ÉGYPTE

ET

RECHERCHES ANTHROPOLOGIQUES

PAR

Le Dʳ LORTET
Ancien Doyen de la Faculté de Médecine de Lyon
Correspondant de l'Institut

M. C. GAILLARD
Chef des travaux
au Muséum d'histoire naturelle de Lyon

TROISIÈME SÉRIE

Extrait des Archives du Muséum d'histoire naturelle de Lyon

LYON

HENRI GEORG, ÉDITEUR

LIBRAIRE DE LA FACULTÉ DE MÉDECINE ET DE LA FACULTÉ DE DROIT

36-38, PASSAGE DE L'HÔTEL-DIEU, 36-38

MAISONS A GENÈVE ET A BALE

1907

LA FAUNE MOMIFIÉE DE L'ANCIENNE ÉGYPTE

ET RECHERCHES ANTHROPOLOGIQUES

TROISIÈME SÉRIE

LA FAUNE MOMIFIÉE

DE L'ANCIENNE ÉGYPTE

ET

RECHERCHES ANTHROPOLOGIQUES

TROISIÈME SÉRIE

Lyon. — Imprimerie A. REY, 4, rue Gentil. — 46.289

LA
FAUNE MOMIFIÉE

DE

L'ANCIENNE ÉGYPTE

ET

RECHERCHES ANTHROPOLOGIQUES

PAR

<table>
<tr><td>LE Dr LORTET
Ancien Doyen de la Faculté de Médecine de Lyon
Correspondant de l'Institut</td><td>M. C. GAILLARD
Chef des travaux
au Muséum d'histoire naturelle de Lyon</td></tr>
</table>

TROISIÈME SÉRIE

Extrait des *Archives du Muséum d'histoire naturelle de Lyon*

LYON

HENRI GEORG, ÉDITEUR

LIBRAIRE DE LA FACULTÉ DE MÉDECINE ET DE LA FACULTÉ DE DROIT

36-38, PASSAGE DE L'HÔTEL-DIEU, 36-38

MAISONS A GENÈVE ET A BALE

—

1907

A Monsieur MASPERO

MEMBRE DE L'INSTITUT,
DIRECTEUR GÉNÉRAL DU SERVICE DES ANTIQUITÉS
EN ÉGYPTE

Nous vous prions respectueusement d'agréer, ici, ce faible témoignage de reconnaissance, pour l'aide et les facilités que vous avez bien voulu nous accorder, afin de nous permettre de continuer l'étude de la Faune momifiée de l'ancienne Égypte, *dont, le premier, vous avez reconnu le grand intérêt scientifique.*

Dr LORTET,

GAILLARD.

LA FAUNE MOMIFIÉE

DE L'ANCIENNE ÉGYPTE

ET

RECHERCHES ANTHROPOLOGIQUES

TROISIÈME SÉRIE

I

NÉCROPOLE DES SINGES

ET

VALLÉE DES ROIS

Cette année, nous avons continué l'exploration de la nécropole simienne, dans le wady Gabanet-el-Giroud, au milieu des montagnes thébaines, en faisant de nombreux sondages, très rapprochés les uns des autres, suivant la méthode employée à Dachour, par M. de Morgan. Ce procédé qui est évidemment le meilleur, nous a permis d'y faire encore quelques heureuses trouvailles. C'est d'abord, une belle momie de jeune singe Cynocéphale, assise, haute de 47 centimètres, intacte comme squelette, renfermée en entier dans la peau desséchée, entourée elle-même de toiles épaisses, enduites de natron résineux, formant un véritable cercueil aux restes de ce petit animal. Le singe paraît être à genoux, les jambes et les pieds étant fortement ramenés en arrière.

Ces fouilles nous ont encore donné un certain nombre de crânes, plus ou moins complets, de vieux individus ou d'adultes, ainsi qu'une grande quantité d'os des membres dépareillés. Un de ces crânes présente tous les caractères les plus accentués de l'achondroplasie : os du crâne et de la face épaissis, donnant un aspect tout à fait spécial à cette face qui est, elle même, tout à fait raccourcie (fig. 7). Enfin, nous avons encore trouvé dans une autre tombe simienne, inviolée, le squelette à peu près complet d'un jeune Cynocéphale, renfermé dans une longue cruche, à goulot très étroit, et à panse extrêmement large. Toutes les grandes articulations sont entourées de végétations osseuses considérables, montrant avec évidence les caractères typiques de ce qu'on appelle en médecine : arthrites sèches, avec formations d'exostoses circumarticulaires. Un grand nombre de vertèbres dorsales, ainsi que celles de la queue, sont entièrement soudées les unes aux autres, ce qui est une preuve de plus que, malgré la sécheresse du climat et la température élevée de la région de Luxor, le rhumatisme chronique sévissait cependant avec violence chez les singes, à cause de leur captivité dans les cours des temples, froides et sans soleil. Un autre squelette, d'un très vieux Cynocéphale, montre des déformations considérables, ainsi qu'une torsion très prononcée d'une omoplate, torsion due sans doute à une scoliose de la colonne vertébrale, dans le jeune âge de l'animal, également tuberculeux.

Fig. 1. — GABANET-EL-GIROUD OU VALLÉE DES BABOUINS

Cette année encore, M. Davis, le mécène américain, si heureux dans les fouilles que, depuis quelque temps, il vient exécuter dans la Vallée des Rois, a mis à découvert, dans cette localité, un tombeau sans inscriptions, renfermant cinq momies, admirablement conservées, de singes Cynocéphales adultes. Mais jusqu'à aujourd'hui, cette importante trouvaille n'a pu être datée d'une façon certaine. M. Davis, avec sa bonne grâce habituelle, a bien voulu nous autoriser à publier les superbes photographies que M. Brugsch a exécutées pour nous, au Musée du Caire.

Ces animaux, évidemment très adultes, sont tous placés dans la position hiératique, avec laquelle ils sont représentés, peints ou sculptés, dans un grand nombre de monuments funéraires, ou dans les temples, comme à Abou-Simbel, ainsi que sur le socle de l'obélisque de la place de la Concorde, abandonné dans les décombres du temple de Luxor.

L'animal photographié à la figure 2 est certainement le *Cynocephalus Anubis*, caractérisé par la longueur de son museau. Il est assis sur ses fesses, les genoux relevés à la hauteur de l'ombilic. Les coudes sont rejetés en arrière, et les longs avant-bras reposent, par leurs extrémités antérieures, sur les genoux, que dépassent deux grandes mains, placées en pronation. Le sternum, ainsi que les clavicules, sont projetés en avant ; le museau allongé de l'animal est placé presque horizontalement. Les orbites remplies par un globe oculaire artificiel en toile peinte maintiennent relevées les paupières supérieures, ce qui donne à l'animal une

Fig. 2. — *Cynocephalus Anubis*.

apparence de vie extraordinaire, à cause de ce regard fixe et vivant qui impressionne l'observateur. La queue tournant sur le côté droit du siège, est ramenée en avant, le long de la jambe droite. Les testicules et un très long pénis touchent presque le sol comme chez tous les Cynocéphales figurés en sculpture. Le crâne est à peu près entièrement privé de sa chevelure ; cependant il porte encore de très longues mèches sur les parties latérales, au niveau des oreilles. Une partie de l'élégant camail, si gracieux sur l'animal vivant, est encore conservée sur la région dorsale et sur les flancs. Les poils sont devenus presque entièrement roux, à la suite de l'embaumement et d'un séjour prolongé dans les profondeurs de la sépulture.

Le singe suivant (fig. 3) est également le *Cynocephalus Anubis* mâle, assis comme le premier, sur ses ischions, en position hiératique. Les avant-bras reposent aussi sur

les genoux, les mains étendues en avant, en pronation. La queue décrit de même un demi-cercle, l'extrémité de cet organe étant ramenée sur le pied droit. Les oreilles, très visibles, sont appliquées sur les tempes. Le camail se trouve réduit à quelques longues mèches d'un poil roux couvrant la région dorsale. Ce Cynocéphale Anubis est également un vieux mâle comme le premier. Les orbites sont vides, cachées par les paupières supérieures qui retombent en avant du globe oculaire tout à fait flétri.

La momie simienne représentée à la figure 4, est celle d'un *Cynocephalus hamadryas*. L'animal, reposant aussi sur ses ischions, est plus affaissé sur lui-même, la colonne vertébrale décrivant presque une demi-circonférence, à cause de la flexion de l'animal en avant. La tête, légèrement fléchie, a conservé à peu près toutes ses chairs. Les yeux sont entièrement clos, et de longs

Fig. 3. — *Cynocephalus Anubis*.

cheveux devenus roux, avec le temps, recouvrent la région cranienne, ainsi qu'une partie des oreilles qui sont collées contre la région temporale. Les poils du camail, très longs, sont bien conservés et rejetés en mèches onduleés ; ils ressemblent à une véritable chevelure de femme. Les genoux accolés sur la ligne médiane, sont encore enveloppés soigneusement, ainsi que les cuisses, les jambes et les pieds, par de longues et larges bandelettes d'une toile fine. Les bras, pendants, soutiennent les avant-bras qui maintiennent les genoux serrés l'un contre l'autre. Ils sont encore entourés de larges bandelettes qui ne laissent voir que les extrémités des mains qui s'appliquent en pronation sur les pieds.

La momie suivante (fig. 5) est celle, d'un *Cynocephalus Anubis*, grand et vieux mâle, encore entouré de presque

Fig. 4. — *Cynocephalus hamadryas.*

Fig. 5. — *Cynocephalus Anubis.*

toutes ses bandelettes. L'animal est assis, comme les précédents, la face étant à peu près horizontale. Les coudes sont ramenés en arrière et les mains, tournées en pronation et légèrement pendantes, viennent se croiser sur la région ventrale. Les genoux sont aussi fléchis, et la queue, qui porte encore de longs poils, repose sur le pied droit.

La momie du *Cynocephalus Anubis* suivant (fig. 6) est encore enfermée dans la caisse d'un large et profond sarcophage, taillé dans du bois de sycomore, et dont on a enlevé le couvercle qui s'y trouvait solidement fixé par un certain nombre de tenons et de mortaises. L'animal est assis dans le fond antérieur de sa bière, et n'est point encore délivré de toutes ses bandelettes. La tête est légèrement fléchie sur le thorax. Les lèvres sont fermées, mais la forme du museau indique avec certitude que l'on se trouve en face d'une momie d'un mâle adulte.

Les bras sont étendus le long du thorax; les avant-bras, reposant sur les cuisses qui sont fortement fléchies, viennent se croiser en avant des organes génitaux, en laissant les mains étendues en pronation. Les genoux, relevés très haut, maintiennent les avant-bras dans cette singulière position. La queue, fléchie en demi cercle, vient, comme chez les autres momies, se placer sur le pied droit. Sur le flanc droit, il y a la trace d'une large section des tissus, presque demi-circulaire, qui devait, croyons-nous, pénétrer dans le thorax, au-dessus du diaphragme. On peut se demander si ce n'est pas par cette ouverture qu'ont été extraits le foie et les poumons, à moins que ce ne soit tout simplement une rupture de la peau.

Les momies 2 et 3 sont certainement celles de *Cynocephalus Anubis* mâles et adultes.

Le développement du museau, et surtout la proéminence des arcades sourcilières, ne permettent aucun doute à ce sujet. La momie n° 4 est celle d'un *Cynocephalus hamadryas*, caractérisé par son museau relativement peu développé si on compare sa longueur à celle de la région cranienne. Les arcades sourcilières sont aussi infiniment moins accentuées. La momie n° 5 est celle d'un *Cynocephalus Anubis* mâle, car bien qu'elle soit encore entièrement entourée de bandelettes, on peut affirmer que le museau est très développé, et les arcades sourcilières fortement saillantes. La momie n° 6 est très probablement celle d'un *Cynocephalus Anubis* mâle, quoique les bandelettes très serrées, ne nous aient point permis d'examiner les organes génitaux. Nous insistons sur ce fait, qui n'avait jamais été signalé, c'est que toutes ces momies de Cynocéphales sacrés appartiennent à des individus mâles, de même que tous les singes de cette espèce, représentés sur des monuments,

Fig. 6. — *Cynocephalus Anubis.*

sont toujours des mâles, accroupis de la même manière, les organes génitaux reposant sur le sol, entre les membres postérieurs fortement fléchis.

Ces six momies, quoique n'ayant point été préparées avec l'aide du bitume, sont cependant très bien conservées, car elles étaient abritées profondément, et ne pouvaient être atteintes par l'influence désastreuse de l'humidité. Les corps de ces singes ont dû être trempés, pendant un certain temps, dans le natron résineux, puis ensuite, entourés avec beaucoup de soins par des bandelettes rendues antiseptiques par des solutions de natron concentré, mêlées à des résines dont la nature ne nous est pas encore connue. Nulle part, on ne voit des traces de bitume. Le cerveau ne parait point avoir été enlevé comme chez les momies humaines, mais les viscères thoraciques et abdominaux ont été probablement extraits, afin de se mettre à l'abri des putréfactions intérieures.

Ces animaux, placés au fond d'une tombe de premier ordre, dans une vallée consacrée aux sépultures des grands personnages, emmaillotés avec beaucoup de soin, me paraissent être des singes de distinction, ayant joué un rôle considérable dans la pratique de la religion égyptienne. Il est probable qu'ils étaient, de leur vivant, des Anubis sacrés, élevés et nourris dans les temples. Dans tous les cas, ils nous semblent avoir joué un tout autre rôle que ceux que nous avons déterrés dans de modestes sarcophages, enfouis dans la Vallée des Singes. Ces derniers étaient presque toujours de très jeunes Cynocéphales, ou de vieux malades, ne ressemblant que de fort loin aux animaux admirablement momifiés découverts dans la Vallée des Rois. Nous nous demandons souvent, si les pauvres momies trouvées dans la nécropole du dieu Toth, au milieu des montagnes de Thèbes, accompagnées de petits sarcophages, à tournure enfantine, n'étaient point tout simplement les dépouilles de jeunes Anubis, promenés dans les carrefours des villages, par les enfants Nubiens, les Savoyards de l'époque, afin de montrer vivants, aux pauvres fellahs, les représentants bien apprivoisés du dieu Toth, la divinité de premier ordre, le grand justicier de la conduite des humains sur cette terre. Il est probable que les belles momies trouvées par M. Davis, et que nous venons de décrire, étaient, au contraire, celles d'animaux de premier ordre, très sacrés, très vénérés, et que c'est spécialement pour cette raison, qu'ils ont eu l'insigne honneur d'être enterrés dans la vallée sainte, presque exclusivement réservée aux tombes des plus grands rois de l'Egypte. La description de ces fouilles, faite bientôt par M. Davis lui-même, pourra peut-être faire la lumière sur ces faits intéressants.

DÉFORMATIONS OSSEUSES PATHOLOGIQUES

Notre éminent collègue à la Faculté de médecine de Lyon, M. le Professeur Poncet, si compétent pour tout ce qui touche aux affections des os, a bien voulu faire une étude spéciale et des plus importantes, des déformations osseuses pathologiques, qu'on peut constater sur un des squelettes de Cynocéphale, rapporté, en 1905, de la Vallée des Singes, à Thèbes.

La pièce la plus intéressante est un crâne de Cynocéphale, présentant tous les caractères de l'achondroplasie. Voici la description qu'en donne M. le professeur Poncet :

CRANE DE CYNOCÉPHALE

Ce crâne (n° 1), envisagé dans son squelette cranien, à proprement parler, et dans son massif osseux facial, a subi une déformation globale, ce qui revient à dire qu'en dehors d'une malformation générale, les lésions paraissent de même nature pour les os du crâne que pour ceux de la face.

A première vue, crâne, face, forment un tout plus volumineux qu'à l'état normal. Les orbites, les fosses nasales ont également de plus grandes dimensions. Le massif facial est comme aplati, tassé, refoulé en arrière, car il semble avoir gagné en largeur ce qu'il a perdu en longueur (fig. 7).

On trouve, en effet, en comparant ce crâne à une tête normale de singe de même espèce :

	CRANE SAIN	CRANE MALADE
Du rebord orbitaire inférieur à la deuxième incisive (longueur du museau)	0,090	0,075
Largeur de l'orifice nasal à sa partie moyenne	0,019	0,025
Largeur de la face d'une arcade zygomatique à l'autre	0,100	0,125
Diamètre transverse du frontal immédiatement au-dessus des orbites	0,070	0,080
Diamètre du crâne à l'union du frontal et des pariétaux	0,070	0,080

Cette déformation en masse est le fait d'une hyperostose de chacun des os de la tête et de la face. Les diverses pièces du squelette sont augmentées uniformément de volume, elles sont comme soufflées : sans altération apparente, en dehors d'un agrandissement de quelques orifices vasculaires, particulièrement sur la face antérieure des deux maxillaires supérieurs.

Il est permis de dire, d'une manière générale, que chaque pièce osseuse est à peu près doublée de volume, comme on peut bien en juger par l'épaisseur de la section du squelette palatin.

Signaler, en passant, que la soudure des diverses pièces du crâne ne s'est pas faite et que ce dernier doit, dès lors, appartenir à un jeune singe. Nulle part de lésions ulcéreuses, destructives du squelette. Aucun signe d'inflammation, à proprement parler, d'ostéite habituelle. On se trouve en présence d'une malformation très spéciale, déterminée par un processus non moins particulier. Cette hypertrophie régulière des os de la tête rappelle l'hypertrophie que l'on rencontre chez l'homme, dans la *maladie de Paget* (plus généralement

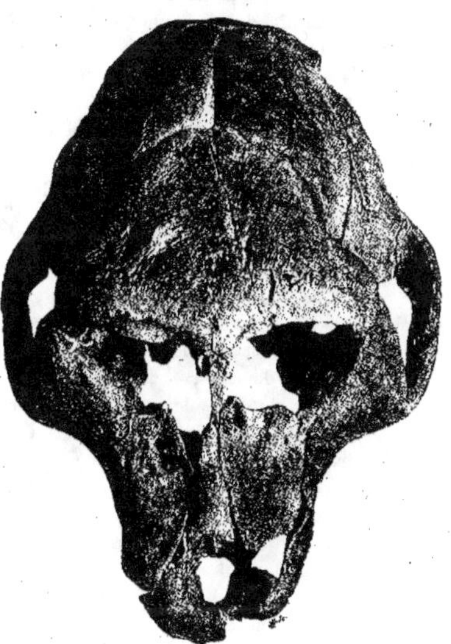

Fig. 7. — *Papio hamadryas.*

connue sous le nom d'*ostéite déformante),* dans l'*acromégalie,* etc.

Je croirais d'autant plus volontiers ici à une maladie de Paget, chez ce singe, que les lésions ressemblent encore beaucoup à celles que l'on voit chez le cheval, dans la maladie dite *maladie du son.* Mon chef de laboratoire, le Dʳ L. Dor, a montré dans la *Revue de Chirurgie* que la *maladie du son* chez le cheval, et la *maladie de Paget* chez l'homme, étaient, au point de vue anatomo-pathologique, une seule et même affection.

Il s'agit très vraisemblablement d'une dystrophie du squelette, imputable, soit à une auto-intoxication d'origine intestinale, *maladie du son,* soit à une infection.

Dans tous les cas, cette infection ne serait pas la syphilis, inconnue chez le singe, et cette remarque a un grand intérêt, car on a supposé que, chez l'homme, la maladie de Paget était d'origine syphilitique (Lannelongue).

Faut-il incriminer la tuberculose si commune chez le singe? Nous ne pouvons que poser la question.

OS LONGS DE CYNOCÉPHALES

HUMÉRUS (n° 2, voir *Faune momifiée*, 1re série, page 229, fig. 94). — Deux humérus présentent la même déformation, caractérisée par une incurvation de leur extrémité supérieure, avec un certain degré d'hyperostose régulière à ce niveau. Le maximum de l'incurvation correspond, des deux côtés, à l'empreinte ou insertion deltoïdienne.

Les têtes humérales sont aplaties, elles suivent le mouvement de flexion du squelette déformé. Aucun signe de lésions destructives, ulcéreuses du tissu osseux. Il s'agit, en résumé, d'une malformation d'apparence rachitique, qui doit être rattachée à une ostéomalacie partielle du tiers supérieur des deux humérus. Ce ramollissement du squelette a guéri, en laissant une malformation caractéristique qui s'explique par l'action musculaire du deltoïde.

FÉMURS (n° 2, voir *Faune momifiée*, 1re série, p. 229, fig. 92). — Les deux fémurs présentent des lésions du même ordre :

1° Incurvation régulière, sans hyperostose de leurs diaphyses.

2° Une disparition presque complète du col des deux têtes fémorales. Le col est écrasé, tassé, et la tête fémorale forme un angle aigu avec la diaphyse. La déformation est typique, elle est tout à fait superposable à celle décrite chez l'homme sous le nom de *Coxa vara*. Humérus et fémurs ont donc été, à un moment donné, frappés par le même processus infectieux, créant un certain degré de ramollissement du squelette atteint. Cette ostéomalacie partielle, ce rachitisme localisé, nous le rattachons à une infection tuberculeuse (infection atténuée), de nature exclusivement inflammatoire. Ces lésions sont tout à fait similaires de celles que nous observons chez l'homme et dont nous avons démontré la nature tuberculeuse.

HUMÉRUS (n° 3, voir *Faune momifiée*, 1re série, p. 229, fig. 94). — Les deux humérus offrent les mêmes lésions qui sont absolument symétriques. La description de l'un s'applique absolument à l'autre.

Les deux os sont incurvés dans leur tiers supérieur. A ce niveau, ils sont le siège de lésions très marquées.

1° Les têtes humérales ont disparu, elles sont remplacées par une extrémité diaphysaire ulcérée, comme usée, alors que les bords sont déchiquetés, ostéophytiques.

Le même processus d'ostéopériostite ulcéreuse se voit sur le tiers supérieur des deux humérus. Au niveau des empreintes deltoïdiennes, il existe une véritable perte de substance formant comme un petit cratère, de forme ovalaire, dont le grand diamètre mesure 0,025 millimètres environ.

On voit très nettement que l'orage inflammatoire qui a sévi, à un moment donné, sur cette partie du squelette, s'est étendu des articulations scapulo-humérales à la diaphyse, dont le tiers supérieur a été particulièrement intéressé.

Les deux tiers inférieurs de cette même diaphyse ont été également enflammés, mais à un degré beaucoup moindre. Leur surface est, en effet, en certains points, irrégulièrement hyperostosée, comme ravinée, et ces lésions d'ostéopériostite s'étendent jusqu'à l'articulation du coude, articulation qui paraît être restée indemne.

On peut dire pour caractériser en quelques mots ces altérations osseuses et articulaires : *Ostéo-arthrite sèche (carie sèche), peut-être suppurée des articulations, scapulo-humérales, avec ostéo-périostite diffuse des deux humérus.*

Les têtes humérales sont remplacées par des moignons osseux, dont les caractères anatomo-pathologiques sont tout à fait ceux que l'on rencontre chez l'homme dans la *carie sèche ostéo-articulaire*, dite maladie de Volkmann. Du point par où les accidents inflammatoires ont dû débuter, entraînant des pertes de substance importantes, ils se sont étendus aux diaphyses, avec une allure un peu atténuée.

Fémur, tibia (n° 3, voir *Faune momifiée*, 1ʳᵉ série, p. 229, fig. 93). — L'articulation du genou droit est le siège des mêmes lésions que les deux articulations scapulo-humérales dont nous venons de parler. On constate du côté de l'extrémité inférieure du fémur et de l'extrémité supérieure du tibia une disparition complète des cartilages, avec usure des extrémités articulaires. Elles sont éburnées en certains points, raréfiées en d'autres, offrant un aspect vermoulu, caractéristique de la *carie sèche*. Ces altérations sont exclusivement articulaires, épiphysaires, elles n'empiètent pas sur la diaphyse. C'est ainsi que le fémur, avec l'articulation coxo-fémorale, sont restés indemnes. Quant à l'extrémité articulaire du tibia droit, elle est rugueuse, érodée. Des lésions, semblables à celles de l'articulation du genou, témoignent d'accidents de même nature, du côté de l'articulation tibio-tarsienne.

Pour le genou et le cou-de-pied droit, il a donc existé, comme pour les épaules, une ostéo-arthrite sèche, peut-être également suppurée, qui, dans tous les cas, relève d'une même infection, l'infection tuberculeuse.

Les désordres osseux, articulaires, constatés, sont, encore une fois, les mêmes que chez l'homme dans certaines formes d'arthropathies sèches, tuberculeuses.

Humérus gauche (n° 1). — Cet humérus n'est représenté que par ses deux tiers inférieurs; la tête humérale et une partie de la portion diaphysaire ont disparu. On remarque une augmentation notable du volume de la diaphyse qui est hyperostosée et comme soufflée. Une fracture s'étant produite au niveau du tiers inférieur, en un point où le gonflement est maximum, on constate que le canal médullaire a disparu, qu'il est comblé par du tissu osseux raréfié donnant à l'os une apparence poreuse, particulièrement marquée à la partie moyenne de la diaphyse.

Le processus est le même que pour les os de la tête (n° 1, voir p. 6, fig. 7) décrite plus haut. Nous nous trouvons en présence de la localisation de la *maladie de Paget* sur l'humérus gauche, le seul os que nous ayons eu à examiner avec le crâne.

II

INSTRUMENTS

EN PIERRE TAILLÉE OU POLIE

1. RÉGION DE THÈBES

Depuis l'époque, déjà bien lointaine, où Arcelin, Hamy et Lenormant signalaient pour la première fois la présence de silex taillés sur les coteaux dominant la vallée des tombes royales, à Thèbes, un grand nombre de touristes et de savants ont pu faire dans cette région de fructueuses trouvailles. Aujourd'hui cependant, ce côté-là de ces collines sauvages est à peu près épuisé, les voyageurs passant presque toujours au même endroit, sans s'écarter jamais du sentier battu. Notre éminent ami, M. le professeur Schweinfurth, il y a deux ans à peine, en explorant les ravins situés au nord de Gourna, ainsi que les plateaux qui les surmontent, a signalé dans les conglomérats quaternaires, adossés aux parois des vallées, des silex taillés d'une facture très archaïque.

Il y a trois ans, nous avons été certainement les premiers à parcourir, au point de vue qui nous occupe, les stériles vallées tout à fait inconnues, qui se trouvent à l'extrémité Sud de la chaîne thébaine. Il y a là de profonds et pittoresques ravins, qu'on ne peut voir si l'on reste dans la plaine, qui sont creusés profondément dans le calcaire crétacé, dominés par de hautes croupes, bizarrement crénelées, et séparés les uns des autres par des tours rocheuses fantastiques, ou réunis par d'étranges couloirs enchevêtrés et contournés d'une façon presque inextricable. La plus curieuse de ces vallées est celle que nous avons explorée, pendant plusieurs semaines, et que les Arabes connaissent encore aujourd'hui sous le nom de Gabanet-el-Giroud, ou Vallon des Baboins. Dans sa partie supérieure, elle se divise en deux branches terminées par de hauts rochers, taillés à pic, soutenant les croupes supérieures de la montagne (fig. 1).

Le fond de ces culs-de-sac terminaux forme un cirque plus ou moins arrondi, dominé par des parois presque verticales ou même surplombantes, servant d'asile à des corbeaux ou à des milans, et présentant une large fente par laquelle passaient jadis les eaux torrentielles recueillies sur les pentes supérieures.

Nous n'avons pu savoir si, actuellement encore, on voit jaillir à certains moments, des cascades par ces brèches taillées dans le rocher. Nous en doutons beaucoup, car à présent il pleut bien rarement et en très petite quantité dans la région thébaine qui semble s'acheminer vers un dessèchement de plus en plus prononcé. Mais il n'en a pas toujours été ainsi : dans les époques reculées, de gros torrents devaient, de temps en temps au moins, se former dans ces ravins rocheux, car de tous côtés on voit la trace non discutable laissée par des eaux roulant en masses puissantes.

Cette usure des rochers par l'action des torrents se retrouve partout dans la haute Egypte. Nulle part elle n'est plus frappante que dans les Wadys taillés à travers les schistes et les granits, qui serpentent en grand nombre, creusés profondément, dans le plateau désertique qui domine, à l'est, la longue et large vallée, ancien lit d'un bras du Nil, qui conduit d'Assouan à Philae et qui, actuellement, est parcouru par le chemin de fer aboutissant à Chellal.

A une époque qu'on ne saurait préciser rigoureusement, quaternaire peut-être, les eaux du Nil qui devaient probablement former un fleuve immense dans la région thébaine, ont laissé déposer sur les flancs des vallées de puissants contreforts ou conglomérats dont l'âge exact n'a pu être déterminé, malgré les savantes recherches de l'éminent géologue M. Fourtau. Jusqu'à présent, aucune découverte n'a permis, d'après ce savant, d'affirmer que ces dépôts puissent être attribués à l'époque pliocène ou bien s'ils ont été remaniés. On n'y a rencontré, jusqu'à ce jour, aucun fossile permettant de les dater avec une entière certitude. Je rappellerai ici, que c'est dans leur masse même, et aussi à leur base, dans les éboulis, que M. le professeur Schweinfurth, a signalé, le premier, des silex taillés en forme de haches dites moustiériennes.

Je suis très heureux de reproduire ici l'opinion contraire à celle du savant géologue du Caire, mais bien motivée, de M. le professeur Schweinfurth qui, pendant plusieurs années, a exploré cette région avec le plus grand soin.

« Vous avez à Thèbes, dit le célèbre professeur, dans les vallées des tombes royales, ainsi que dans celle appelée Ouadiyên (c'est-à-dire les deux vallées), qui n'est que la branche principale de la Vallée des Rois, les deux époques du quaternaire (ou diluvium), bien représentées dans les dépôts visibles sur le pied de l'escarpement des terrains éocènes, c'est-à-dire, le *quaternaire inférieur* et le *quaternaire moyen*. Le quaternaire supérieur, le plus récent, se trouve bien plus développé de l'autre côté du fleuve, en amont de Luxor. Il est caractérisé par les coquilles très répandues dans les gisements de la vallée du Nil, l'*Unio Schweinfurthi*, espèce éteinte, et par l'*Ætheria Caillaudi*, espèce encore vivante qui se trouve actuellement dans le Bahr el Joùsouph et à Mehallet-el-Kébir, dans le delta.

« L'époque de transition, entre le tertiaire et le quaternaire, appelée aussi *époque pluviale*, est caractérisée en Egypte par la présence du *Melanopsis ægyptiaca*. D'autres espèces, mais éteintes, caractérisent cette époque, dont la distinction est moins facile à faire. De telle sorte que, pour les terrains quaternaires, développés dans toute la grande vallée du Nil d'une façon très nette, et partout très égale, on a deux points de repère fournis par les fossiles, l'un fixant le début, l'autre la fin du quaternaire.

« Les dépôts intermédiaires n'ont pas fourni jusqu'à présent des fossiles — formes éteintes — qui puissent servir à préciser la divergence ou le synchronisme des différents gisements quaternaires. Mais, par contre, l'étude approfondie des dépôts appartenant aux trois catégories que je viens de mentionner pour le quaternaire d'Egypte, telle que M. le Dr Blanckenhorn l'a poursuivie pendant ces dernières années, nous a offert d'autres moyens de distinction et de classification, qui sont aussi précieux que les fossiles, pour les déterminations géologiques de ces couches. Ces moyens sont donnés par les niveaux des terrasses, qui sont partout les mêmes, par la nature pétrographique des dépôts et par l'ensemble de la stratification et de la superposition des différentes couches.

« Les deux catégories du quaternaire de Thèbes, que je distingue par mes trouvailles de silex taillés, sont donc :

« 1° L'ANCIEN QUATERNAIRE, formé par des dépôts composés alternativement de couches de calcaire et de cailloutis cimentés, développées jusqu'à 50 mètres d'épaisseur à la sortie de la branche principale de l'Ouadiyên, et contenant exclusivement des silex travaillés appartenant à la catégorie éolithique et qui équivalent comme époque probable, à la première époque glaciaire quaternaire en Europe.

« 2° Le QUATERNAIRE MOYEN, formé par des dépôts composés alternativement de cailloutis cimentés, de couches calcaires et de couches argileuses, fluvio-lacustres, qui contiennent d'autres éléments pétrographiques que les alluvions du Nil actuel. Ces dépôts sont développés surtout à la localité classique de Gournâ. Leur épaisseur est de 5 à 10 mètres. Ils contiennent tous les silex travaillés provenant des époques précédentes — puisque ce dépôt s'est accru par la destruction des dépôts plus anciens — et les silex de l'époque de transition, entre l'industrie éolithique et la paléolithique, c'est-à-dire les silex de l'époque de l'industrie *strépyienne*, mais aussi par des silex taillés de l'époque paléolithique proprement dite (Chelléen, etc.)

« Les dépôts du quaternaire moyen — la terrasse de Gournâ — sont les équivalents de ceux qui existent entre la première et la seconde période glaciaire du quaternaire.

« L'industrie *strépyienne*, en Belgique et dans le nord de la France, se place au début de la deuxième période glaciaire.

« L'industrie paléolithique, représentée aux environs de Thèbes par des types appartenant exclusivement à celle de Chelles et de Saint-Acheul, ne s'y trouvent que répandus en grande partie à la surface du sol, ou bien sur le lieu même où ils ont été travaillés. En Egypte, je ne connais aucun gisement fluvial ou alluvial de cette catégorie, équivalant au quaternaire supérieur, aucun dépôt contenant ces silex taillés. Mais les pièces trouvées dans la vallée du Nil, aux bords du fleuve, proviennent des couches où elles furent primitivement englobées. Ces couches doivent être les mêmes que celles qui sont caractérisées par la présence de l'*Unio Schweinfurthi* et de l'*Ætheria Caillaudi*.

« Si on compare les couches représentant, en Egypte, le quaternaire supérieur avec le Chelléen et l'Acheuléen, elles devraient prendre place au commencement de la seconde période glaciaire, c'est-à-dire pendant l'époque caractérisée par la progression des glaciers [1]. »

A une certaine époque, évidemment rapprochée de nous, des pluies très abondantes ont dû donner naissance à des torrents furieux qui se sont précipités avec violence dans ces vallées par les fentes supérieures que nous avons signalées, et par lesquelles se livraient passage de magnifiques cascades. Ces eaux considérables devaient descendre le wady comme de vrais torrents alpestres, entraînant dans la plaine des masses énormes de débris et de gros quartiers de rochers, qui forment dans l'axe de ces vallées, des amoncellements ressemblant aux moraines médianes des glaciers, et hauts souvent de plusieurs mètres. Ces eaux et les débris qu'elles ont mises en mouvement, animées d'une force irrésistible, ont ainsi sectionné les

---

[1] Schweinfurth, *in litt.*, 25 mai 1907.

conglomérats dont je parlais tout à l'heure, et qui n'ont laissé de traces que dans certaines parties des ravins où ils n'ont point été entièrement détruits par les roches charriées au milieu des torrents.

La vallée de Gabanet–el–Giroud est à peine indiquée, et très inexactement, dans la grande carte de Wilkinson. De même que les ravins voisins, je ne pense pas qu'elle ait jamais été par-

Fig. 8. – Silex trouvés sur les hautes terrasses des montagnes de Thèbes.

courue par des voyageurs européens qui laissent toujours des traces visibles de leur passage : débris de bouteilles, flacons de soda, boîtes de conserves, fragments de papier qui, malgré leur fragilité, persistent de longues années dans ce pays absolument sec aujourd'hui, où tout se conserve à la surface du sol. Dans les parties supérieures de ces déserts rocheux, qui ne semblent pas non plus avoir été explorées par les fellahs chercheurs de pierres à chaux, nous avons trouvé de nombreux coprolithes récents d'hyènes, mais jamais des crottins d'ânes.

C'est justement parce que ces vallées n'ont jamais été bouleversées par des chasseurs de trésors ou des fouilleurs de tombes, que nous avons eu la joie de rencontrer des centaines de petits ateliers de tailleurs de silex, laissés en place, et intacts depuis des siècles probable-ment.

Les terrasses, les plateaux étagés, depuis la plaine jusqu'aux plus hauts sommets de la montagne, sur lesquels bien peu de voyageurs osent s'aventurer, les sentiers qui y conduisent étant presque toujours en corniche et souvent fort glissants et dangereux, ainsi que tous les replats, sont couverts d'une couche de silex fortement patinés par le soleil et par un dépôt plus

Fig. 9. — Hache moustiérienne.

ou moins épais de manganèse violet foncé. C'est au milieu de ces rognons de silex, et des milliards de morpholithes en forme d'anneau de saturne, appelés pittoresquement par M. de Morgan, *Nombril de la Princesse Pet-Pet*, que se trouvent d'innombrables objets en silex (fig. 8) travaillés plus ou moins grossièrement: haches, coups de poings en forme moustiérienne, pointes de lances, laissés en place — on ne peut trop savoir pourquoi — par l'ouvrier qui les avait taillés, abandonnés sur un petit emplacement d'un mètre carré. D'autres fois, ces silex ouvrés sont disséminés sans ordre, au milieu des blocs d'alentour, accom-

pagnés par les *morpholithes saturne*, qui sont souvent si nombreux qu'ils forment de véritables lits du plus curieux effet, se touchant par milliers sur le sol.

Nous figurons ici deux autres pièces des plus remarquables, trouvées dans la même région. L'une d'elles est une hache typique, présentant sur la surface convexe des cavités conchoïdales dues à la taille. Les bords en ont été finement retouchés, tandis que la surface inférieure plane, montre encore la croûte fruste du bloc de silex ayant servi à l'extraction de cette belle pièce (fig. 9). La surface supérieure convexe est d'un superbe rouge brun florentin, tandis que l'inférieure est restée presque sans couleur. En examinant cette hache, on peut se rendre compte des teintes extraordinaires que l'action solaire peut donner au silex, sur lequel s'est déposé une mince couche d'oxyde de manganèse.

Fig. 10. — Coup de poing acheuléen.

Toujours dans la Vallée des Singes, non loin du petit atelier dont nous donnerons la description, nous avons trouvé aussi une autre pièce intéressante, taillée en longue pointe, et terminée par une base élargie, pouvant se tenir bien en main. C'était là, évidemment, une espèce de coup de poing, devant produire des blessures terribles lorsqu'elle était maniée par un bras vigoureux. La taille et les fines retouches ne laissent aucun doute sur

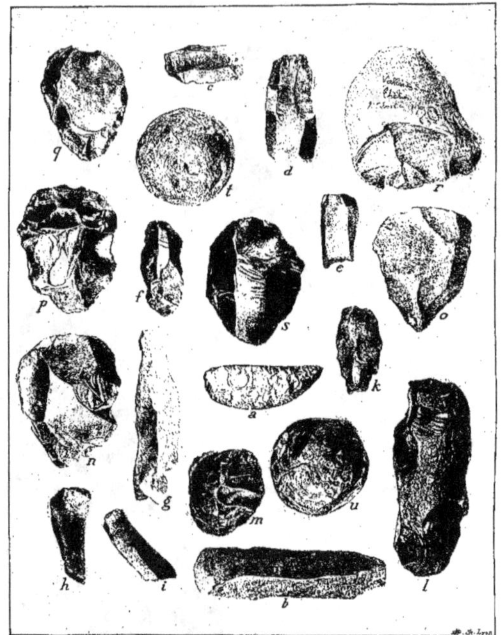

Fig. 11. — ATELIER D'INSTRUMENTS EN SILEX DE LA « VALLÉE DES BABOUINS ».

l'authenticité de cette belle pièce qui, comme la précédente, est aussi patinée en rouge brun florentin (fig. 10).

Mais c'est dans la moraine centrale du torrent que nous avons pu faire les découvertes les plus intéressantes. Là, au milieu des blocs, souvent énormes, déposés par les eaux, nous rencontrons des centaines d'ateliers présentant presque toujours des silex moustiériens plus ou moins terminés, des racloirs, des pointes de lances, des morpholithes devenus à peu près sphériques, ayant servi de percuteurs, et enfin, en quantité, de longs éclats de silex, enlevés par la taille, et présentant une fraîcheur telle qu'il est impossible de leur attribuer une très haute antiquité, la patine de manganèse faisant absolument défaut. Nous avons pu ainsi cueillir au grand complet plusieurs de ces ateliers, dont l'un d'entre eux a pu être reconstitué au Muséum de Lyon, car nous avions pris la précaution de le photographier sur place (fig. 11).

La figure 8 représente, de grandeur naturelle, deux pointes de lances très habilement travaillées, et montrant sur les bords de nombreuses et fines retouches obtenues les unes par percussion, les autres par simples pressions. Ces silex sont recouverts d'une superbe patine, d'une couleur bronze-florentin, due au dépôt de l'oxyde de manganèse sur le côté qui ne regardait pas le sol. De plus, la face supérieure exposée à l'air libre est admirablement polie par le frottement du sable siliceux mû par le vent. Tous les instruments de silex qui sont restés exposés à la lumière, présentent ainsi cette glaçure qui leur donne un brillant superbe, montrant que depuis de longues années ils n'ont pas été déplacés.

Cet atelier, occupant environ 50 centimètres carrés, a été trouvé par nous à l'entrée de la vallée des Singes ; nous avons pu le photographier sur place en nous redressant sur notre âne. Les différentes pièces en ont été un peu arrangées sur la figure 4, afin de débarrasser la photographie du sable et des débris qui masquaient à moitié une partie de ces silex, abandonnés ainsi par l'ouvrier, on ne sait pour quelle raison.

Dans ce dernier atelier, au milieu de fragments récents mêlés au sable et à plusieurs instruments dits de forme moustié- rienne, nous avons trouvé une jolie lame (fig. 11, *a)* rectiligne d'un côté, très convexe de l'autre, finement taillée dans un silex noirâtre. La longueur est de 10 centimètres, sa plus grande largeur de 4 centimètres. Elle est très mince et les deux bords ont été rendus tranchants par une taille répétée par pressions succes- sives. L'apparence de cette pièce est tout à fait néolithique, et la forme n'en est point rare aux époques récentes. Ce singulier

Fig. 12. — Lame courbe
finement retouchée.

mélange que présentait ce petit atelier, de lames anciennes et de types plus modernes, a cependant, dans l'espèce, une grande valeur, car c'est là un fait indiscutable, que nous avons constaté par nous-même, très loin du guide qui nous accompagnait, dans un endroit absolu- ment désert, inexploré, et par conséquent à l'abri de toute supercherie (fig. 12).

Les pièces figurées aux numéros *b*, *c*, *d*, *e*, *f*, *g*, *h*, *i*, *k*, sont des éclats de dimen- sions diverses ; ils présentent un aspect tout à fait récent, et la couleur noire du silex n'a nullement été rendue brillante par le frottement du sable. Quelques-uns de ces éclats, comme par exemple celui représenté au n° *d*, ont été retouchés sur les bords en laissant sur le dos une zone médiane plane. Le silex *b* est très épais, tranchant seulement à sa partie supérieure qui représente assez bien le fer d'une hache. Cet instrument, qui ne paraît pas devoir être emman- ché, était probablement tenu à la main et devait servir de tranchoir ou de ciseau.

Les figures *m*, *n*, *o*, *p*, *q*, *r*, *s*, sont des haches de formes moustiériennes typiques. L'instrument *r* est très grossier, il n'a été travaillé que sur le tranchant, tandis que le restant de la hache est formé par un caillou encore enduit de sa patine blanchâtre, résultat de l'altération du silex. Toutes les autres haches sont brillantes, et d'une couleur bronze rougeâtre d'un très bel éclat.

Enfin les pièces *t* et *u* sont deux percuteurs presque sphériques, et présentant sur leur circonférence de nombreuses traces des coups qu'ils ont été appelés à donner; ils sont évidemment le résultat d'une taille spéciale donnée aux morpholithes de la classe *petpet*, usure qui, petit à petit, a fait disparaître presque entièrement l'*anneau de Saturne* de ces singuliers cailloux.

Dans cette localité, on peut donc trouver des objets travaillés à différentes époques. Mais cette supposition n'est guère admissible lorsqu'il s'agit d'un petit atelier, oublié sur place par un fabricant d'armes. Les pièces dont nous parlons et dont nous donnons la figure n'ont jamais été remaniées, et par conséquent elles ont dû être taillées au même moment et par le même individu. La conséquence de ces faits est donc de se demander si les Egyptiens ne se sont pas servis à une époque encore rapprochée de nous de ces silex dit Moustiériens, dont la facture a laissé les éclats d'apparence récente, dont nous avons parlé plus haut, et aussi de ces instruments finement retouchés par pression, semblables au couteau semi-lunaire trouvé par nous-même.

Pourquoi vouloir admettre que ce Moustiérien d'Egypte soit contemporain du Moustiérien d'Europe? Aucune raison, si ce n'est une similitude plus ou moins complète dans la taille du silex, ne peut militer en faveur d'une hypothèse pareille. Si on voulait pousser ce raisonnement jusqu'à l'absurde, on pourrait aller plus loin encore, et dire que ce sont les hommes moustiériens d'Europe qui sont venus en Egypte pour apprendre aux habitants de la région thébaine à tailler leurs haches selon le type de Moustier.

Il est bien plus naturel, plus logique d'admettre qu'à une époque plus ou moins reculée, que rien ne peut nous faire croire comme étant la même pour l'Europe et pour l'Afrique, les habitants de la haute Egypte, comme ceux de Moustier, ont trouvé le moyen de tailler le silex d'une forme qu'ils ont trouvée convenable, et que les blocs de silex leur permettaient d'obtenir facilement.

La taille de ces formes grossières a laissé des débris incontestablement récents. On peut donc admettre que les instruments dont ils proviennent sont relativement récents, peut-être même est-on en droit de croire que ces haches et ces coups de poings étaient encore employés aux époques historiques, comme tendrait à le faire admettre une autre de nos trouvailles.

Au début de nos recherches, nous avions exploré une vallée voisine du Gabanet-el-Giroud croyant avoir affaire à la vallée des Singes, et espérant y trouver des tombeaux du Cynocéphale sacré. Mais toutes les tombes que nous parvînmes à y découvrir, et dont les entrées étaient parfaitement dissimulées au milieu des débris rocheux, au pied des grands escarpements, étaient des tombes humaines, violées très probablement dans l'antiquité. Les momies, les sarcophages avaient été enlevés, et nous n'y trouvâmes plus que des débris, des fragments de bois, ainsi que des poteries grossières entièrement brisées.

A la partie inférieure d'un large éboulis formé de débris de toute nature, et après de nombreux sondages exécutés avec de gros fils de fer, nous découvrons l'orifice, très irrégulièrement creusé dans la roche crétacée, d'un puits à peu près quadrangulaire, de 80 centimètres de côtés. Les fellahs qui travaillent sous nos ordres enlèvent, avec leurs couffins, les pierrailles et le sable qui remplissent entièrement la cavité. Nous atteignons ainsi, non sans grandes difficultés, une profondeur de 5 mètres.

Là, nous sommes arrêtés par une énorme roche que l'on a intentionnellement lancée dans le puits pour en obstruer l'orifice. C'est avec la plus grande peine, aidés par des cordes et des palans, que nous parvenons à retirer cette herse qui mesurait près d'un demi-mètre cube. Une

Fig. 13. — Hache acheuléenne.

fois débarrassés de cet obstacle, nous reprenons le travail de déblaiement, et à une profondeur de 10 mètres nous atteignons le fond qui est rempli d'une couche de poussière très épaisse et absolument sèche.

Sur la paroi nord du puits, se trouve l'ouverture d'une petite galerie horizontale que nous vidons sans peine des débris dont on l'a obstruée. Elle a 5 mètres de longueur et se termine par une chambre funéraire creusée dans le roc, et de 3 mètres carrés environ. La momie ne se trouve plus là, mais sur le sol gisent seulement quelques fragments de planches grossières ayant servi très probablement à construire la première enveloppe du sarcophage ; on trouve aussi quelques morceaux de poteries mal cuites et d'un mauvais travail.

Mais en cherchant dans la poussière, nous avons ramassé des lamelles d'or, ainsi qu'un superbe scarabée portant le cartouche d'Amenophis III, placé à côté d'une grande hache taillée dans un silex blanc, n'ayant probablement jamais servi, et présentant une forme acheuléenne tout à fait caractéristique (fig. 13). Sa longueur est de 15 centimètres, sa largeur maxima de 12 centimètres. Elle ne présente pas la patine ordinaire brun violacé des haches trouvées dans cette région, mais elle est absolument *chlorotique*, comme une plante qui n'aurait jamais vu le soleil.

On trouve, sur quelques points de sa surface, de petites couches de carbonate de chaux déposé par les eaux et ayant aggluttiné quelques grains de sable. Le dépôt indique que cette hache a dû séjourner bien longtemps dans la tombe, depuis une époque très éloignée, lorsque les eaux fluviales pouvaient envahir la galerie souterraine. Tous les tombeaux de la région thébaine sont placés contre les escarpements des rochers, toujours aussi élevés que possible.

Cette précaution était évidemment prise dans le but d'éviter la pénétration des eaux dans l'intérieur de ces habitations funéraires. La conclusion qu'on peut en tirer, c'est que, même aux époques pharaoniques, les pluies étaient infiniment plus considérables et plus fréquentes que de nos jours.

Fig. 14. — Scarabée portant le cartouche d'Amenophis III.

Le scarabée, en fine pâte d'un beau vert, est d'un travail très soigné. Il est parfaitement intact, et je dois sa détermination à l'obligeance de M. Maspero ; son inscription ne peut donc laisser aucun doute sur la date de sa facture ; il était placé à côté de la hache et gisait dans la poussière, entouré de quelques feuilles d'or extrêmement minces (fig. 14).

Cette trouvaille, quelle que soit la signification qu'on puisse lui donner, constitue un fait indiscutable, ayant été faite par nous-même. Peut-on admettre qu'on se servait encore quelquefois dans la région de Thèbes de haches acheuléennes à l'époque d'Amenophis III ? Ou bien, cette belle hache a-t-elle été placée dans la tombe d'un inconnu comme un ex-voto, un objet sacré ayant une valeur, une signification religieuse, comme cela a été constaté dans certaines circonstances ?

Il est peut-être difficile de pencher plutôt pour l'une ou pour l'autre de ces hypothèses ; cependant, nous ne sommes pas éloigné de croire que, même à l'époque d'Amenophis III, c'est-à-dire de 1427 à 1392 avant notre ère, les fellahs se servaient encore des haches de pierre, telles que celles qu'on peut ramasser par milliers sur toutes les terrasses de la montagne de Thèbes, dans les vallées sauvages qui la sillonnent, ainsi que dans les moraines torrentielles laissées au milieu de ravins.

En effet, le bronze industriel a toujours été très rare en Egypte, même à l'époque d'Amenophis III. Ce métal encore précieux était réservé à fondre des statuettes sacrées destinées au culte public ou domestique. Les haches usuelles en bronze sont peu communes dans la contrée, et si on les trouve si rarement c'est qu'elles étaient trop coûteuses pour être achetées par les simples fellahs. Ceux-ci ont donc dû, pendant fort longtemps, ne se servir que des instruments de pierre grossièrement taillés dans les silex qui couvrent le sol des bordures désertiques, dans le voisinage des terres cultivées. Ce n'est que là que l'on peut encore trouver ces instruments, car dans la vallée, dans les terres arables, ces pierres taillées disparaissent, rapidement recouvertes par les épaisses couches de vase déposées par les crues du Nil.

L'époque proprement dite du bronze industriel n'existe donc point dans cette partie de l'Egypte, et lorsque l'usage de la pierre taillée a été abandonné, il a été brusquement remplacé par celui du fer, importé certainement des régions centrales de l'Afrique où les populations nègres, toujours très habiles forgeronnes, ont dû trouver l'emploi du fer depuis la plus haute antiquité. Les premiers instruments de fer travaillés par les Egyptiens n'ont malheureusement point été conservés dans le sol qui, partout, est extrêmement salé et qui détruit ce métal par une oxydation des plus rapides.

Les instruments fondus en bronze industriel ont toujours été coûteux et rares ; ceux forgés en fer ont disparu. De là, résulte l'importance considérable des silex taillés dont l'usage s'est continué probablement très longtemps, même à l'époque pharaonique.

Les anciens Egyptiens n'ont jamais poli leurs haches en silex, comme l'ont fait souvent, à certaines époques, les habitants du nord de l'Europe. Les haches ou les polissoirs en pierre polie que l'on rencontre cependant quelquefois, sont tous en granit, en porphyre, en diorite, en roches serpentineuses ou en chloromélanite, provenant très probablement des montagnes du côté de la mer Rouge, où la plupart de ces roches dures sont extrêmement abondantes. Les instruments, taillés dans ces substances très résistantes, sont travaillés avec un véritable sens artistique et une habileté hors ligne. Cette technique est surtout surprenante lorsqu'on voit avec quelle adresse ils ont su confectionner ces admirables vases en diorite ou en granit qui font l'ornement de toutes les collections, vases que M. de Morgan regarde comme préhistoriques, et dans le travail desquels il croit reconnaître un art assyrien. Les peuples de la Mésopotamie, en effet, dès les époques les plus reculées, étaient passés maîtres dans la taille des statues, des vases, ainsi que des innombrables cylindres gravés, en pierres dures, qu'ils nous ont laissés. C'est donc peut-être une raison de croire que ces haches, ces martaux, ces polissoirs, taillés dans les substances les plus résistantes, mais toujours assez rares, sont contemporains des vases pansus, à rebords plats, sortes de mortiers, sur lesquels M. de Morgan a attiré l'attention des archéologues, à propos des trouvailles archaïques faites à Abydos.

Pendant nos longs et nombreux séjours en Egypte, nous n'avons pu nous procurer qu'un très petit nombre de ces haches en pierres dures et polies. Nous n'en avons trouvé que quelques-unes dans nos excursions ou nos fouilles. Dernièrement, dans les collections mises en vente chez les marchands de Luxor, nous avons rencontré plusieurs haches en chloromélanite terminées par un bord très mousse, épais, et qui évidemment n'étaient point faites pour couper (fig. 15). Nous pensons que ces instruments, emmanchés suivant leur grand axe, étaient destinés à servir de polissoirs pour travailler le cuir ou d'autres substances devant être assouplies. L'un de nous a pu acquérir, en 1906, dans un dépôt à Thèbes, une très belle hache en roche serpentineuse, d'un beau vert clair (fig. 16), zébrée de taches et de lignes ondulées, d'un noir foncé. Nous n'avons pu savoir de quelle région provient cette roche intéressante ; il est probable cependant qu'elle est originaire des montagnes de la chaîne arabique, si riche en pierres de différente nature.

Une chose nous a frappé, en comparant ces haches en chloromélanite, provenant d'Egypte, avec la nombreuse série de haches similaires rapportées par nous du Péloponèse, en 1873 : c'est leur identité presque complète, au point de vue de la forme, de leur taille et de la substance dont elles sont formées. Cette ressemblance est si frappante que nous nous sommes demandé souvent si ces haches que l'on rencontre rarement en Egypte, comme nous l'avons déjà dit plus haut, n'auraient point été apportées dans ce pays par les Grecs qui, depuis les époques les plus reculées, sont venus y coloniser. Une analyse minéralogique minutieuse de ces instruments pourrait peut-être donner quelques indications précises sur ce point intéressant (fig. 17, 18 et 19).

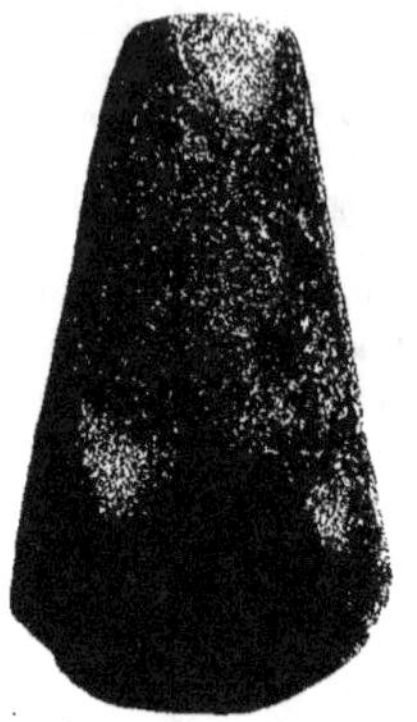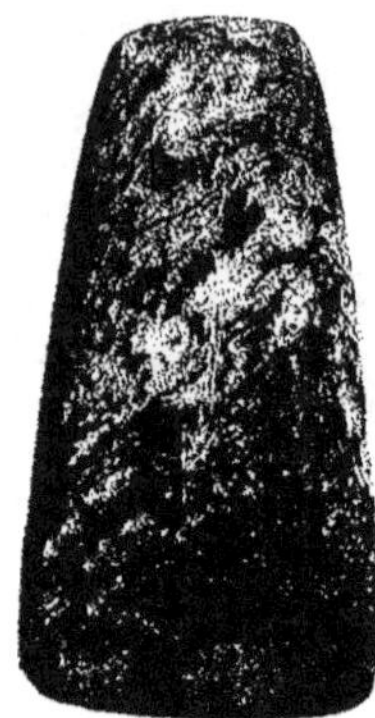

Fig. 15. — Polissoir en chloromélanite.   Fig. 16. — Hache en serpentine veinée de jaune.

Les haches du bassin du Rhône sont en général polies sur toutes leurs surfaces. Tandis

Fig. 17. — Hache en chloromélanite.   Fig. 18. — Hache en chloromélanite.

que celles provenant d'Égypte et du Péloponèse, ne sont polies que sur la moitié inférieure, la partie supérieure, le talon, reste toujours fruste, et montre très nettement le pointillé dû aux percussions multiples d'un instrument aigu. Ce granulé du talon, toujours bien

bien conservé, devait servir à maintenir plus solidement l'instrument dans son emmanchure de bois ou de corne.

L'époque néolithique vraie, en Egypte, ne paraît donc être caractérisée que par des couteaux en forme de feuilles de laurier, retouchées par simple pression, avec beaucoup de soins, ainsi que par ces admirables et longs rasoirs, dont le tranchant, d'une finesse excessive, porte souvent cinq ou six cents dents, à peine visibles à la loupe, et cependant très régulièrement espacées. Ces belles pièces ont été trouvées souvent dans des tombes relativement récentes et devaient servir encore fréquemment aux époques pharaoniques.

Il est probable que, pendant longtemps encore, l'ordre chronologique des différentes formes des instruments de pierre des anciens Égyptiens restera un problème insoluble à cause des circonstances particulières au milieu desquelles il se pose. Il ne pourra être résolu que si un hasard heureux permet de découvrir une fente de carrière, une grotte, ou un autre dépôt, non remanié, dans lequel on puisse trouver en place, et sans bouleversement postérieur, les instruments employés aux différentes époques. Jusqu'à présent, aucune trouvaille pareille n'a pu être faite.

Dans les terres cultivées, on ne rencontre jamais aucun silex taillé ou poli, pas plus du reste que le moindre caillou, les objets lourds employés par les habitants, de même que toutes les pierres, étant recouverts par le limon du Nil, au moment de l'inondation, et disparaissant très rapidement dans un sol rendu vaseux et peu résistant, à ce moment de l'année. Ce fait, des plus intéressants à noter, a été constaté nombre de fois, et surtout récemment dans les nombreux sondages exécutés en basse Egypte, sondages faits en vue de la recherche des eaux potables souterraines. Pendant ces opérations, on a ramené à la surface des fragments de poteries enfouies à plus de quarante mètres de profondeur.

Fig. 10. — POLISSOIR EN CHLOROMÉLANITE.

Dans les zones désertiques, au contraire, là où le sol est toujours dur, si ce n'est dans les endroits sablonneux, tous les objets se conservent d'une façon extraordinaire au milieu d'une athmosphère d'une sécheresse presque absolue. Les instruments employés ou taillés à différentes époques doivent donc toujours s'y trouver mêlés ; aussi dans ces conditions, rien ne peut faire préjuger leur âge relatif, car les uns aussi bien que les autres sont teintés en violet rougeâtre par l'oxyde de manganèse, et polis d'une façon remarquable, par l'action des sables siliceux, entraînés par les vents violents du nord, qui soufflent une grande partie de l'année.

2. RÉGION D'ASSOUAN

Les grands déserts de rochers et de sable qui entourent la petite ville d'Assouan sont absolument dépourvus de rognons de silex et de silex taillés. Dans la large zone, tout à fait stérile, qui entoure la première cataracte, ce ne sont que puissantes couches de granit gris ou rose, bizarrement travaillées par les eaux, dispersées en amoncellements fantastiques, au milieu desquels tourbillonnait jadis un fleuve immense, dont le Nil actuel ne peut donner aucune idée. Ces énormes masses granitoïdes sont entrecoupées çà et là par de larges filons d'une syénite noirâtre dont la dureté est très considérable.

Sur le côté oriental de l'ancienne vallée fluviale, au milieu de laquelle passe actuellement

Fig. 20. — Rochers de grés au sommet des collines d'Assouan.

le chemin de fer qui mène d'Assouan à Chellal, se dressent des collines élevées qui ne forment que la tranche du grand désert arabique, appelé l'Etbaye, où se voient non seulement des granits, des syénites, mais encore de nombreux schistes siliceux blanchâtres, brunâtres ou verdâtres, au milieu desquels, à quelques kilomètres au nord de la ville, émerge le prodigieux mamelon de quartz d'un blanc immaculé, appelé *Alabastra* par les habitants du pays et les conducteurs de baudets. Ce désert immense est entrecoupé çà et là, d'abord par la vallée du fer magnétique découverte par M. le professeur Schweinfurth, et par d'autres profonds Wadys sans eau, entourés des rochers les plus fantastiques qu'il soit possible de voir, servant quelquefois de passage aux troupeaux des Bichârin, mais utilisés surtout comme repaires, par les loups et les hyènes qu'on y rencontre fréquemment.

Sur la rive gauche du Nil, depuis l'île de Philae jusqu'à une très grande distance en descendant le fleuve, s'étend un vaste désert, couvert de collines élevées d'une centaine de mètres, formées par de puissantes couches d'un grès dur et fin, qui, pendant de longues années, peut-être durant des siècles, a fourni les blocs nécessaires à la confection des nombreux sarcophages destinés à recevoir les momies humaines. Ces caisses de pierre, polies et souvent très ornées, transportées dans toute l'Egypte, servaient d'abri convenable pour les morts de qualité et les bourgeois fortunés. Les collines, presque toutes de même hauteur, sont toujours couronnées par d'énormes blocs irréguliers (fig. 20), laissés en place par les anciens carriers.

Il était donc intéressant de rechercher si, dans cette région, il serait possible de retrouver des instruments de silex, apportés de plus ou moins loin par les habitants primitifs du pays. Malgré les investigations les plus minutieuses que nous avons pu faire durant de longs séjours dans l'antique Syène, nous n'avons pu trouver un seul silex taillé, ni une hache polie en chloromélanite.

Mais au milieu des éboulis de grès qui couronnent les collines de la rive gauche, au sud de la vallée qui conduit à la laure ruinée de Saint-Siméon, nous avons trouvé de nombreux fragments de granit et de diorite, grossièrement taillés, et ayant certainement servi à des usages domestiques. Ces fragments qui se rencontrent au milieu des grès, à une grande distance des régions à granit, y ont été très certainement transportés de loin. Ils figurent des espèces de coups de poing, évidemment destinés à être le plus souvent maniés à la main ; d'autres sont taillés en grandes haches primitives qui, emmanchées, devaient être des instruments d'une grande puissance. Ces haches, de formes

Fig. 21. — COUP DE POING EN DIORITE NOIRE
(1/2 gr. nat.)

très archaïques, sont planes sur une face, convexes sur l'autre. Elles paraissent toujours avoir été détachées d'une grosse sphère en granit. Toutes présentent des traces de coups qui prouvent qu'elles ont dû servir à un usage spécial, et enfin, sur la plupart d'entre elles, sur la face qui était restée en haut, l'instrument étant couché sur le sol, on peut constater (fig. 21) un très beau polissage dû à l'action séculaire du sable mis en mouvement par les vents. C'est là une preuve de plus d'une respectable antiquité.

M. le professeur Schweinfurth, auquel nous avions fait part de ces trouvailles, a retrouvé les mêmes formes, travaillées dans la même roche, au milieu des débris qui couvrent les anciennes et immenses carrières de granit rose, qui se voient sur la rive droite, dans les environs de la pierre couchée et taillée qu'on est convenu d'appeler l'Obélisque. Là, comme sur les collines occidentales tous ces fragments dégrossis, de formes plus ou moins régulières, paraissent avoir été débités à la surface d'une sphère d'un assez grand diamètre. Sont-ce donc là de simples éclats, ou de véritables instruments, grossiers cela est vrai, mais façonnés pour un usage spécial. Nous signalons ces faits, sans encore oser nous prononcer définitivement.

Les petites collines rocheuses, situées en face de l'Hôtel Cataracte, séparées entre elles par

des coulées d'un sable jaune, excessivement fin, provenant du Sahara, présentent un singulier
caractère lorsqu'on les explore attentivement, ce que personne, je crois, n'avait fait avant nous.
Elles sont toutes surmontées de très gros rochers, irréguliers, visibles de loin. Ces amoncellements de blocs circonscrivent un plateau irrégulier, s'étendant entre les différentes collines,
et qui est parcouru par de véritables routes, pavées de larges dalles, et jalonnées à droite
et à gauche par des bordures de pierres dressées. Une de ces routes, la plus belle, très bien
conservée, finit par aboutir (fig. 22) entre le petit tombeau appelé Cheikh–Osman, et le
monticule voisin, au nord, pour redescendre entre deux parapets de pierrailles rapportées,

Fig. 22. — Routes dallées sur les collines d'Assouan.

jusqu'à la vallée du Nil, où les blocs dégrossis étaient probablement chargés sur des bateaux
afin d'être transportés dans toute l'Egypte. A un certain endroit de ce plateau désertique, la
voie principale se divise en sections secondaires, qui toutes se dirigent vers les massifs rocheux
occupant les différents sommets.

Ces routes s'étendent très loin du côté du nord, à une grande distance de la colline qui
renferme les tombes dites de Grenfell, dans les hauteurs qui dominent les villages de Waresab
et de Koubaniëh. Nous n'avons pas eu le loisir de parcourir cette région, mais avec une
longue vue, de l'autre côté du Nil, nous avons pu constater que, dans beaucoup d'endroits, se
trouvaient encore, parfaitement conservées, des routes dallées, bordées de hauts parapets,
formés par des pierres amoncelées de chaque côté. Il est très probable que ces chemins devaient
servir à faire descendre sur des traîneaux les sarcophages à peines ébauchés, depuis les parties
supérieures des collines, jusqu'au Nil, qui les transportait ensuite en basse Egypte. Il
est surprenant que ces localités intéressantes n'aient jamais été parcourues ni étudiées,
que nous sachions.

Les gros rochers, de formes très bizarres, qui couronnent les collines situées en face de
l'Hôtel Cataracte, donnent naissance, sous quelques-unes de leurs faces inclinées, à des
abris plus ou moins profonds, dans lesquels on devait ensevelir des momies. Nous avons

en effet trouvé dans plusieurs endroits, au milieu des instruments primitifs taillés dans le granit et dont nous avons donné plus haut la description, des fragments de beaux sarcophages en
terre cuite, présentant (fig. 23) des têtes barbues, placées en relief sur le couvercle, modelées
avec un certain art, dans une argile assez grossière. Il est probable que ces récipients ne doivent dater que de l'époque ptolémaïque. Sur une des parois rocheuses très lisse, se voit un cheval,
médiocrement dessiné et gravé par petits coups donnés avec une pierre dure aiguë, ou avec un
instrument de métal. Non loin de là, sur un autre rocher, se trouvent les inscriptions suivantes

Fig. 23. — FRAGMENT DE SARCOPHAGE EN TERRE CUITE. ASSOUAN.

en lettres grecques, bien gravées : ΤΡΙΑΔΕΛΦΟC ΠΥΡΡΟΝ — ΜΑΡΙΟC ΨΕΝΧΝΟΜΙC —
ΚΑΛΑCΙΡΙC ΤΥΡΑΝΝΟΥ, ou Triadelphe fils de Pyrrhus — Marius Psenchnomis — et Kalasiris fils de Tyrannos[1], rappelant les défunts enterrés en ce lieu.

Ces tombes paraissent donc appartenir à la grande nécropole ptolémaïque qui s'étend
sur le premier escarpement, à gauche du sentier qui conduit des bords du Nil aux ruines du
couvent de Saint-Siméon. Dans plusieurs cavités de ce cimetière, nous avons pu constater la présence de très beaux sarcophages en grès poli, mais ne portant ni inscription, ni
sculptures, et provenant certainement des rochers supérieurs, exploités de longue date, comme
nous l'avons dit plus haut.

A l'occident des collines en question, s'étend, à perte de vue, un grand désert que nous
croyons inexploré, traversé par la route chamelière qui se dirige du côté de l'oasis de Kurkur.

[1] Nous devons la lecture de ces inscriptions à la bienveillance de M. Caillemer, le savant helléniste, doyen de
la Faculté de droit de Lyon.

Cette région, qui est probablement vierge de pas européens, offrirait certainement à l'explorateur des documents intéressants. Ainsi, sur les bords d'un des sentiers anciens qui sillonnent certaines parties de ces solitudes, nous avons trouvé un beau vase égyptien, absolument intact, abandonné sur le sol, au milieu des pierres, depuis probablement quelques milliers d'années, modelé en terre rougeâtre semblable à celle de Siout ; il présente la forme d'une grande coupe profonde, de 30 centimètres de diamètre, rayé à l'intérieur de zones rouge foncé d'un éclat mordoré et métallique superbe.

Ce grand plateau désertique est en partie caillouteux, mais il montre çà et là de nombreuses collines rocheuses, séparées par de petites vallées très enchevêtrées. Quelques-uns de ces monticules, absolument coniques, ressemblent de loin à des volcans minuscules. Tous sont entourés, à leur base, de routes circulaires dallées, destinées à l'exploitation des rochers de grès qui les surmontent, peut-être aussi à des cérémonies religieuses inconnues. Cette dernière hypothèse est peut-être aussi admissible, car sur beaucoup de ces élévations, on voit de nombreuses pierres dressées, formant des alignements réguliers, ou figurant des chapelles minuscules, couvertes de pierres plates, et entourées chacune d'une enceinte particulière de dalles dressées. Dans certains endroits, se voient des milliers de ces constructions qui ressemblent à des jouets d'enfants, édifiées au milieu des fragments de grès, dessinant des séries de *menhirs* hauts seulement de quelques décimètrés. Au milieu de ces petits édicules, nous avons trouvé de belles coupes d'une forme archaïque, déposées simplement sur le sol, admirablement conservées dans ce pays où rien ne se détruit, les intempéries des saisons n'existant pas.

3. RÉGION DE GÉBÉLEIN

A 30 kilomètres environ de Luxor, sur la rive occidentale du Nil, se trouve la station préhistorique de Gébélein dont le nom signifie : *les Deux Montagnes*, et qui est caractérisée par la présence de deux collines rocheuses qui se dressent en face d'une grande île, laquelle sépare en deux bras à peu près égaux le lit du fleuve. Sur la plus haute de ces élévations, se voit le petit monument consacré à la mémoire d'un Cheik-Moûsa, près duquel se montrent encore quelques ruines appartenant à un temple ptolémaïque. Au pied de ces rochers, ainsi qu'à la base de celui qui se trouve en arrière de ce santon, dans un ravin dirigé du nord au sud, on trouve de nombreux fossiles intéressants, entre autres de très beaux Oursins. A l'occident de ces collines, on aperçoit un autre monticule élevé, formé par la *Sebakh* [1] dû à d'anciennes constructions de briques crues éboulées les unes sur les autres, et que les paysans viennent chercher afin de faire profiter leurs champs des sels ammoniacaux que ces débris renferment en abondance. C'est là, dans les ruines d'une ancienne bourgade, aujourd'hui réduite en poussière, que l'on trouve de nombreux silex, ainsi que des tombes profondément creusées et recouvertes en partie par des couches d'une argile ancienne de couleur grisâtre.

Non seulement dans la Sebakh, mais encore à la surface du sol de toute la région, on peut ramasser de nombreux silex, admirablement patinés, présentant des formes très inté-ressantes, et notablement différentes de celles que l'on peut constater sur les silex taillés des environs de Luxor. Ce qui est tout à fait spécial à Gébélein, et ce que nous n'avons rencontré nulle part ailleurs en Egypte, ce sont d'énormes pièces semblables à celle représentée (fig. 24) de grandeur naturelle. Ce sont de grossiers instruments, allongés, apointés à leurs extrémités, destinés, il semble, à être saisis à pleine poignée, ou bien à être emmanchés dans un bois fourchu, maintenu solidement par des ligatures de cuir desséché. Disposées ainsi, ce seraient de véri-tables haches d'armes pouvant occasionner de terribles blessures. Ces belles pièces ne sont point rares à la surface du sol, et dans ce cas, exposées aux chauds rayons du soleil, et polies par le frottement du sable, elles présentent une admirable patine de bronze florentin, teinté de rouge, patine due aux influences atmosphériques et aux dépôts d'oxyde de manganèse. La longueur de l'instrument est presque toujours de 25 à 35 centimètres. Leur poids consi-dérable devait en faire une arme extrêmement dangereuse pour l'attaque de l'homme ou des grands animaux.

Au milieu de ces instruments grossiers et primitifs, tout à fait typiques de la station de

[1] On appelle ainsi les monticules formés par des débris d'habitations éboulées, construites en briques crues.

Fig. 24. — Hache d'armes en silex. Gébélein.

Gébélein, on trouve encore une multitude de haches dites Acheuléennes, instruments qui n'ont de la hache que la forme générale, mais non le tranchant. Les pièces analogues que nous avons rencontrées si fréquemment dans les environs de Luxor, à la vallée des Singes ou ailleurs, ont toutes un tranchant plus ou moins convenable, finement travaillé sur le bord, afin de rendre ce silex coupant. L'extrémité opposée, au contraire, était évidemment destinée à être emmanchée dans le bois ou la corne pour remplir l'usage de nos hachettes actuelles. Il n'en est pas de même (fig. 25) sur les instruments analogues façonnés à Gébélein. Ici, le bord convexe est toujours très grossièrement taillé et n'a jamais pu servir à couper, tandis que l'extrémité amincie est finement appointée. Cette disposition prouve avec évidence, que cette arme était destinée à servir d'instrument piquant, le silex étant tenu à la main par son gros bout, ou étant emmanché dans une branche d'arbre, dans cette position. Nous n'avons jamais rencontré cette taille tout à fait spéciale, dans une autre localité de cette région ; en Europe, au contraire, ces coups de poings, travaillés en pointe, ont été trouvés à Saint-Acheul, à Toulouse et dans beaucoup d'autres gisements.

Fig. 25. — COUP DE POING EN SILEX. GÉBÉLEIN.

Un autre instrument qui se rencontre assez souvent à la surface du sol ou dans le Sebakh est représenté ici (fig. 26) de grandeur naturelle. Ce sont probablement des pointes de lances, longues de 17 à 18 centimètres, finement retouchées sur les bords, surtout à l'extrémité antérieure. Ces silex étaient peut-être destinés à s'adapter à une arme de jet, sorte de javeline à long manche, ou bien étaient-ils fixés à des bois courts formant de véritables poignards. Toutes les pièces que nous avons pu recueillir sont admirablement patinées en bronze florentin, lavé de tons rougeâtres. Sur la plupart d'entre elles, on voit à la surface des dépôts d'oxyde de manganèse, formant des zones concentriques du plus bel effet.

Nous avons pu encore récolter dans la Sebakh deux silex très finement retouchés en forme de lames de poignards, présentant une taille vraiment néolithique, ce qui tendrait encore (fig. 27 et 28) à prouver que les formes travaillées à différentes époques, se trouvent souvent mêlées à la surface d'un sol où rien ne se détruit, ou bien peut-être aussi, que les ouvriers en

silex, dans une même localité, ont pu en maintes circonstances, se livrer à des tailles différentes,
plus ou moins finies ou parfaites, suivant les besoins des habitants, ou peut-être aussi, d'après
les formes des rognons de silex qu'ils avaient à leur disposition. Deux des lames figurées ici

Fig. 26. — POINTES DE LANCES EN SILEX. GÉRÉLEIN.

portent encore des restes d'une gangue blanchâtre qui se trouvait sur une des faces du bloc
à débiter.

Toujours à la surface du sol, nous avons pu ramasser plusieurs silex façonnés en petite
faucille, coches-grattoirs ou grattoirs-concaves de M. de Mortillet[1], tels qu'on en trouve assez

[1] De Mortillet, *le Préhistorique*, 3ᵉ édition, p. 176.

communément à Bergerac. Ces instruments primitifs se tiennent bien en main et ont dû très certainement servir à râcler les chairs encore fixées aux os longs (fig. 29). Des silex absolument de même forme ont été trouvés parmi les éolithes des environs de Thèbes par M. Schweinfurth, et d'autres aussi[1] dans le paléolithique de Tunisie. Ces grattoirs, par

Fig. 27. — Pointe de javeline.   Fig. 28. — Pointe de javeline.

leur taille peu soignée et leurs formes rudimentaires, me paraissent très archaïques. Déjà, en 1897, M. de Morgan avait rencontré à Arakah des croissants presque analogues, mais travaillés avec infiniment plus de soins[2]. Les silex trouvés par nous à Gébélein sont de couleur grisâtre, sans présenter à la surface qui est altérée, la patine foncée des autres pièces.

Sur le sol, dans un des vallons de la montagne, nous avons pu ramasser une superbe petite hachette (fig. 30) en schiste verdâtre, extrêmement dur. Elle est longue de 9 cm. 50, mais très étroite, et présente une forme assez rare, la faisant ressembler, quoique minuscule, par sa courbe supérieure, aux instruments employés actuellement par les bûcherons et forestiers des Vosges. Elle présente une coloration d'un beau bronze verdâtre, et une polissure complète jusque dans le voisinage du talon. Cette pièce, tout à fait néolithique, a dû évidemment être apportée de loin, le schiste chloriteux, dont elle est formée, ne se rencontrant pas à Gébélein, mais seulement dans la région d'Assouan.

[1] Schweinfurth, Steinzeitliche Forschungen in Tunesien *(Zeitschrift für Ethnologie, 1907, p. 165 et 166).*
[2] De Morgan, *Recherches sur les origines de l'Egypte,* 1897, p. 114.

L'ancienne nécropole s'étend dans tout l'espace compris entre le cimetière musulman,

Fig. 29. — Grattoirs concaves. Gébélein.

les collines du Cheikh-Moùsa, et le canal d'irrigation qui décrit une ligne courbe autour de cette localité. Une grande partie de cet espace est recouvert par des dépôts d'une argile grise, délaissée par le Nil primitif. C'est dans ces couches, supportant souvent d'énormes épaisseurs de Sebakh bien plus modernes, que sont creusées les anciennes tombes dites préhistoriques. C'est là que nous avons pu travailler pendant quelques jours, avec les plus grandes difficultés, M. le Maire, ou *Omdeh*, comme on appelle ici ce fonctionnaire, nous faisant sans cesse de nouvelles récriminations, par l'intermédiaire de gardiens ou *gaffirs* plus ou moins insolents. Cette localité qui ne peut être surveillée qu'avec beaucoup de difficultés, a du reste été bouleversée de fond en comble par les agents des marchands d'antiquités de Luxor. Il nous a été permis cependant, d'ouvrir un certain nombre de tombes, dont la plupart avaient évidemment été violées par les chercheurs de trésors ; presque toutes renfermaient des débris incomplets de squelettes, des fragments de crânes, des vases rouges à rebords noirs, ou des vases pansus, portant des décorations sur lesquels M. de Morgan a depuis longtemps appelé l'attention des savants. Toutes ces tombes quadrangulaires sont creusées d'un mètre de profondeur, dans l'argile grise dont j'ai parlé plus haut. Leur largeur est d'environ 1 m. 50, leur longueur de 2 mètres. Aucune muraille en briques crues ou cuites n'empêche l'éboulement des parois, qui présentent une résistance naturelle assez grande.

Fig. 30. — Hachette en schiste verdâtre. Gébélein.

Les vases rouges étudiés par M. de Morgan sont, en général, coniques ou cylindro-coniques. Quelques uns atteignent une taille de 30 à 40 centimètres de hauteur ; d'autres bien plus petits sont tout à fait coniques. Ils sont tournés avec une terre d'un beau rouge, semblable à celle qui vient de Siout, et qu'on emploie à faire des fourneaux de pipes et de petits bibelots vendus aux étrangers. La terre rouge qui servait à faire ces vases dits préhistoriques, ne venait pas de Siout, mais d'Edfou, où encore actuellement, on fait des poteries presque semblables qui sont vendues à Luxor, les jours de grand marché. Ces vases antiques ont presque toujours le rebord supérieur garni d'une large bande teinte en beau noir foncé provenant non d'un vernis, mais d'une cuisson tout à fait spéciale et prolongée sur les parois de l'ouverture.

Les vases pansus ont une forme spéciale : ils sont élargis par en haut, l'ouverture étant cependant très étroite et circonscrite par un rebord bien modelé. La terre est grisâtre, assez

Fig. 31. — VASE ORNÉ DE PEINTURES REPRÉSENTANT DES FLAMANTS.

grossière, et (fig. 31) le vase présente sur les flancs une série d'ornements peints en rouge brique. Ce sont quelquefois de simples retouches formant des lignes ondulées remplissant certains secteurs ; ou bien des séries de pyramides placées les unes à côté des autres. Dans le vase reproduit ici, il y a une bande de huit flamants qui sont assez bien dessinés et très reconnaissables à leur bec replié sur le cou.

Une autre pièce que nous avons eu la bonne fortune de trouver dans une tombe intacte, représente une oie de grandeur naturelle, longue de 35 centimètres, portant une ouverture sur le dos, entourée d'un rebord épais comme celui que montrent les autres vases. Le cou et la tête sont bien modelés. Le corps est couvert d'un grand nombre de courtes lignes ondulées peintes en noir. On se demande à quoi pouvait bien servir ce curieux récipient, d'une forme absolument inutilisable. Dans tous les cas, il n'a pas une tournure bien ancienne, mais ressemble plutôt au produit de l'imagination d'un potier peu sérieux, mais presque moderne.

Beaucoup de vases pansus portent sur le flanc de nombreux ronds formés par des spirales enchevêtrées, semblables à celles que dessinent si souvent les jeunes enfants, ou bien les adultes tenant une plume ou un crayon, en écoutant avec distraction une lecture ennuyeuse ou un orateur désagréable.

Tous ces vases pansus ou coniques, rouges et noirs, ou gris étaient absolument vides, ou ne contenaient qu'un peu de sable. Il est donc probable que primitivement ils ne devaient renfermer que de l'eau, ou des offrandes facilement détruites par l'action du temps.

Fig. 32. — Sarcophage en bois peint d'un faucon sacré. Vallée des Singes, a Thèbes.

4. RÉGION DE NÉGADAH

Les régions de Négadah et de Touk sont occupées par de vieilles nécropoles préhistoriques très étendues, et des dépôts de débris de cuisine considérables, renfermant des myriades de silex taillés suivant une forme tout à fait caractéristique. Tous affectent plus ou moins la forme (fig. 33) de grandes pierres à fusil, montrant une face absolument plane, tandis que l'autre, tout à fait convexe, est retouchée avec le plus grand soin. Le tranchant est toujours

Fig. 33. — Silex taillés en forme de pierre a fusil. Négadah.

rabattu très habilement comme dans une pierre à feu. M. de Morgan avait déjà représenté quelques-unes de ces pièces remarquables récoltées à Touk. Toutes sont tirées d'un silex grisâtre, plus ou moins clair, très fin, très compacte, ayant conservé tout son brillant et ne présentant jamais cette patine manganésique que l'on rencontre si souvent ailleurs. Ces instruments sont taillés suivant le même galbe, et sont tous à peu près de la même grandeur. Leur fraîcheur est telle, qu'on pourrait croire qu'ils sortent des mains de l'ouvrier. Nous nous sommes demandé bien souvent, à quel usage pouvaient être employés ces silex, toujours identiques et de dimensions trop petites pour servir de haches. Peut-être, étaient-ils tout simplement emmanchés à une courte branche pour servir de houes, destinées à briser les mottes de terre dans les terres labourées. Mais même dans ce but, ils paraissent bien minuscules pour entamer les grosses mottes durcies par le soleil, formées par le limon si compact du Nil. Dans tous les cas, quels que soient les services qu'ils aient pu rendre aux anciens habitants de la région, le nombre prodigieux qu'on peut en ramasser indique un emploi très usuel, ainsi que la présence de véritables ateliers d'outils destinés aux anciens fellahs de la contrée.

On trouve aussi dans les mêmes localités de petites haches admirablement taillées, présentant la forme classique, mais toujours de dimensions très restreintes.

Des circonstances indépendantes de notre volonté ne nous ont pas permis de faire des fouilles sérieuses ni à Négadah, ni à Touk, ces deux localités étant réservées aux recherches des égyptologues, mais cependant, nous avons pu trouver à la surface du sol une quantité des silex dont nous venons de donner la description et qui, par la taille et par leur absence de patine, me paraissent infiniment plus jeunes que ceux provenant de la vallée des Singes ou de Gébélein. Nous ne serions pas éloignés de penser qu'ils ont dû servir encore à une période historique très rapprochée de nous.

5. RÉGION DE RÔDA PRÈS DE MÉDAMOUT

Les nécropoles préhistoriques de cette localité n'ont jamais été, croyons-nous, explorées, si ce n'est par les agents des marchands d'antiquité. Aussi, avons-nous eu la bonne fortune, en 1907, de mettre à jour un assez grand nombre de tombes inviolées, qui nous ont livré des objets

Fig. 34. — Vasque funéraire. Rôda.

du plus haut intérêt. Les fosses, toujours quadrangulaires, comme celles que nous avons décrites précédemment, alignées les unes à côté des autres, orientées de l'est à l'ouest, ne contenaient que des ossements humains toujours plus ou moins brisés ou éparpillés sans ordre sur le sol sablonneux, entourés de quelques vases cylindriques de forme tout à fait différente de ceux que l'on trouve à Gébélein.

Une des tombes cependant, mise à découvert par nous-mêmes, nous a donné la joie de trouver un squelette humain presque complet, couché sur le côté gauche, circulairement dans une grande vasque (fig. 34) faite non au tour, mais tout simplement à la main. Les parois de cet énorme vase présentent une épaisseur considérable. Le corps qu'il renferme est replié sur lui-même, les jambes et les genoux ramenés à la hauteur du thorax. Les bras étaient appuyés sur la région ventrale. Ce squelette est évidemment celui d'une femme âgée, dont tous les os présentent une altération profonde qui leur donne une légèreté excessive ; ils sont, en quelque sorte, réduits en une substance poreuse, ce qui les rend friables. Les os du crâne, cependant, paraissent avoir conservé leur texture normale. Les os longs des membres antérieurs et postérieurs sont très fluets, et indiquent une taille peu élevée. Les omoplates ont une dimension des plus restreintes, et le bassin, quoique petit, est bien constitué, les diamètres étant normaux. Tous ces os sont devenus extrêmement légers, et leur tissu semble raréfié d'une façon vraiment extraordinaire. Ce squelette était couché sur le côté gauche sur un lit de joncs qui n'est certainement pas formé de tiges de papyrus.

Les autres tombes que nous avons pu ouvrir ne contenaient que des ossements humains plus ou moins brisés, disséminés, les chairs ayant été mises dans une autre tombe pour y subir l'action de la putréfaction. Toutes renfermaient aussi un certain nombre de vases de formes variées, mais surtout cylindriques ou cylindro-coniques, ornés de quelques bandes rougeâtres dessinant de grands losanges sur les flancs, et présentant autour de l'orifice une petite couronne en saillie d'un effet assez gracieux. Dans chaque tombe, il y avait encore une amphore sans anses, en terre grise, ayant probablement contenu de l'eau. Les vases cylindriques sont aux trois quarts remplis de terre fortement tassée, ayant été mêlée peut-être à des substances alimentaires servant d'offrandes. Après en avoir fait l'examen microscopique avec le plus grand soin, mais infructueusement, nous n'avons rien pu y découvrir d'intéressant à noter (fig. 35 et 36).

Cette localité de Rôda a été très rarement visitée par les archéologues. La route qui y conduit se trouve à l'est de Karnak, passant à travers de vastes champs de blé. Il faut ensuite traverser la voie du chemin de fer, et cheminer, pendant une heure et demie, dans une campagne admirablement cultivée, où s'aperçoivent de très loin les gracieuses colonnes appartenant au temple de Médamout. Depuis ces ruines, pendant une heure encore, il faut faire trotter rapidement les baudets pour atteindre l'emplacement de la vieille nécropole de Rôda, située à la limite du désert, et qui fait partie de cette longue suite de cimetières préhistoriques qui s'étendent au loin, sur les deux rives du Nil, au nord de Karnak. A une certaine époque, une population très dense a dû, pendant bien des siècles, enterrer les morts dans ces champs funéraires qui se voient, presque sans discontinuité, sur les bords du fleuve, entre les terres cultivées et le désert sablonneux ou caillouteux qui s'étend jusqu'à la base des collines de la chaîne arabique. Il est évident que, dès la plus haute antiquité, les cultures, comme celles de nos jours, n'ont pû s'étendre et prospérer que dans la zone irriguable par l'intermédiaire des *chadoufs*, ces balanciers élévatoires de l'eau, déjà employés aux époques préhistoriques, mais ce n'était point dans les champs cultivés qu'on enterrait les morts.

A Rôda, dans une des tombes fouillées par nous et absolument semblable aux autres, nous avons trouvé pour tout ossement humain un crâne de jeune femme présentant avec certitude les caractères de la race égyptienne la plus pure (fig. 37). Il est très dolichocéphale, un peu asymétrique, le pariétal gauche et la partie gauche de l'occipital étant repoussés en arrière, de telle sorte que l'axe antéro-postérieur du trou occipital ne correspond plus en ligne droite avec la suture palatine, la partie cranienne postérieure étant tout entière déjetée vers la gauche. Ce crâne appartient à une jeune femme de vingt à vingt-trois ans, les deux dents de sagesse se montrant à peine à l'ouverture de leurs alvéoles. Il présente sur toute sa superficie une altération osseuse extrêmement remarquable, dont la nature syphilitique ne peut laisser aucun doute. Ainsi qu'il est facile de s'en rendre compte par l'examen de la

Fig. 35. — Vase funéraire. Rôda.   Fig. 36. — Vase funéraire. Rôda.

photographie ci-incluse, le pariétal gauche est profondément attaqué par une ulcération serpigineuse, irrégulièrement circonvoluée, ayant fait disparaître entièrement le feuillet externe de l'os, tandis que dans certains endroits le feuillet interne, attaqué à son tour, a permis de véritables perforations, établissant des communications directes entre l'extérieur et la cavité cranienne. Le pourtour de cette grande perte de substance est taillé en biseau très large, aux dépens de la table externe de l'os. Au voisinage de cette perte de substance considérable, se voient cinq ou six autres points atteints d'une nécrose semblable ayant donné lieu à des perforations complètes du diploé et de la table interne. Ailleurs, d'autres places commencent à être atteintes par le processus pathologique, et au début présentent des taches irrégulières, blanchâtres, tranchant vivement sur la coloration jaunâtre du crâne, et laissant voir une substance osseuse plane encore, mais plus ou moins rugueuse. Ce dépoli est dû à l'altération commençante de la table externe de l'os. Certaines de ces taches blanchâtres sont restées tout à fait superficielles, tandis que d'autres commencent manifestement à creuser la surface de l'os. Le pariétal droit est moins profondément attaqué que le gauche, cependant il est déjà couvert de pareilles taches blanchâtres dépolies, dont quelques-unes cependant sont ulcérantes, et ont pénétré dans l'épaisseur du diploé comme l'aurait fait une vrille en trouant la table externe. L'occipital présente le même travail pathologique, surtout dans sa partie supérieure. L'os est souvent attaqué profondément, mais il n'est pas perforé. Le frontal porte, du côté gauche, des érosions multiples dont une seule perfore la table externe. L'arcade sourcilière droite commence à être attaquée, ainsi que la bosse frontale médiane ; sur l'apophyse mastoïde droite, se voit déjà une minuscule tache blanche dépolie en arrière. Sur la suture occipito-pariétale gauche, il y avait un petit os vormien qui s'est perdu pendant la

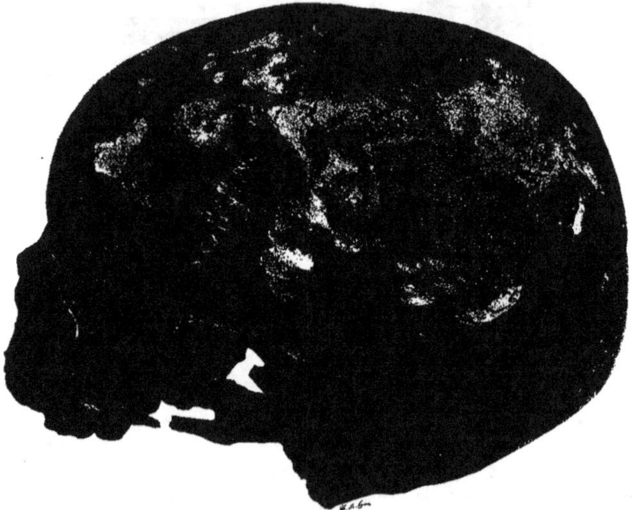

Fig. 37. — CRANE DE JEUNE FEMME SYPHILITIQUE. RÔDA. (Réduit de 1/10ᵉ.)

fouille probablement. Tous les os de la base du crâne sont intacts ; les dents sont saines et ne présentent point les lésions spéciales qu'on a constatées quelquefois chez les syphilitiques par hérédité. Le maxillaire inférieur manque, et malheureusement dans le sable de la fosse nous n'avons pu retrouver aucun des os longs qui auraient été si intéressants à examiner au point de vue de l'infection spécifique.

Ce crâne a été soumis par nous à l'examen approfondi des membres de la Société de médecine, ainsi que ceux de la Société médicale des hôpitaux de Lyon et à l'Institut de France[1].

La syphilis, croyons-nous, devrait être surtout en cause, et cependant, il manque un des

[1] Lortet, *Comptes rendus de l'Institut*, 1ᵉʳ juillet 1907, p. 25.

caractères les plus importants que l'on peut presque toujours rencontrer sur les lésions osseuses de cette nature : ce sont les exostoses circonvoisines, les digues en quelque sorte, formées par du tissu osseux compact, évidemment disposées par la nature, afin d'empêcher, ou du moins de retarder l'envahissement des tissus par les Spirochètes ou les Toxines. Malgré l'absence de ce caractère, les lésions sont si semblables, quant à la forme, à ce que l'on peut constater dans certains cas de syphilis invétérée, que nous ne pouvons nous empêcher de croire que c'est à cette infection spécifique, que nous avons affaire sur ce crâne de Rôda[1]. Les exostoses n'ont peut-être pas eu le temps de se produire chez cette jeune femme qui a dû mourir rapidement.

L'état de jeunesse du sujet et la nature des érosions osseuses qui ont en quelque sorte raboté la table externe des os, tout en laissant à nu des étendues considérables de diploé, font penser à mon éminent collègue, le professeur Poncet, que la malade en question pourrait avoir été tout simplement tuberculeuse, et qu'elle devait porter dans la région cranienne des abcès froids multiples, qui partout ont aminci les os lorsqu'ils ne les ont pas perforés, tandis que l'infection syphilitique aurait dû les épaissir au moins sur la périphérie des lésions. Nous devons cependant dire que nous avons rencontré rarement des cas de tuberculose sur les ossements des momies, tandis qu'au contraire nous en avions constaté fréquemment la présence sur les os des Cynocéphales momifiés et déterrés par nous en très grand nombre, dans la vallée des Singes, près de Luxor. Or, si les singes ont été fréquemment tuberculeux dans un pays aussi sec et chaud que celui de cette région, il est bien permis de croire que très fréquemment l'homme aussi devait être atteint de tuberculose. Il serait donc possible que la femme en question ait été atteinte d'abcès froids tuberculeux, avec ulcérations et carie des os du crâne. Mais cependant, pour nous, comme pour un certain nombre de spécialistes qui ont étudié cette pièce, c'est la syphilis que l'on doit incriminer.

Il est donc très intéressant de retrouver en Égypte des traces de syphilis préhistorique, comme on en a rencontré dans la station de Solutré, sur un squelette de femme, actuellement au muséum de Lyon, jadis examiné avec beaucoup de soins par Broca, Virchow, Parrot et Rollet, qui ont été unanimes à conclure que les exostoses que présentent les tibias de ce squelette sont certainement de nature syphilitique.

Après un travail acharné et rendu pénible par une température très élevée, dans cette vieille nécropole de Rôda, la découverte de deux tombes, encore inviolées, est venue récompenser nos efforts. Ces fosses renfermaient des squelettes couchés circulairement sur le côté gauche, les jambes fortement repliées, les genoux ramenés en haut, et les mains étant placées à la hauteur du thorax. Nous avions ouvert en vain un grand nombre d'autres tombes dont plusieurs avaient déjà été fouillées, probablement par les habitants du pays qui savent les combler à nouveau, avec une grande habilité, afin de ne pas attirer l'attention des autorités locales ou celle des inspecteurs du service des antiquités.

Dans la première tombe, après avoir enlevé le sable avec de grandes précautions (fig. 38), nous trouvons une momie desséchée, couchée sur le côté gauche, les genoux fortement relevés, ramenant les talons dans la région fessière. Les avant-bras, fléchis et portés en avant, maintiennent les deux mains sur le ventre. Le crâne est bien conservé, dolichocéphale, très peu

---

[1] Le docteur Fouquet avait déjà reconnu et figuré des lésions syphilitiques sur un crâne préhistorique d'*el Amra*, *in* de Morgan, *Origines de l'Égypte*, p. 364, fig. 59 et p. 369.

     FAUNE DE L'ANCIENNE ÉGYPTE

prognathe, ressemblant absolument à ceux que l'on peut considérer comme appartenant au type des Égyptiens de pure race. Quelques molaires, non cariées, mais bien usées, restent fixées dans leurs alvéoles. La symphyse mentonnière antérieure est très accentuée, et le maxillaire, haut et solide, est bien celui d'un homme. La peau du corps et des membres est desséchée et

Fig. 38. — MOMIE DESSÉCHÉE. RÔDA. (Homme.)

collée sur ce qui reste des muscles, qui sont transformés en fibres rougeâtres et luisantes. Le derme ainsi que les muscles ne sont nullement attaqués par les insectes sarcophages. La peau a été protégée par une toile forte, mais très ajourée, ressemblant presque à du canevas, trempée dans un liquide conservateur et antiseptique, probablement le natron fortement résiné. On retrouve encore sur cette toile de nombreux fragments d'une enveloppe excessivement mince provenant certainement de gazelles, peaux formant un sac, dans lequel était cousu le cadavre ; ces coutures sont faites très habilement, avec une grande régularité, par l'intermédiaire de minces filaments de cuir. Cette gaine avait dû être appliquée mouillée,

sur le corps, et ensuite cousue en place, car elle montre encore les replis nombreux qui n'ont
pu être formés que par une peau très mince, tannée peut-être, et rendue malléable et molle par
un séjour prolongé dans un liquide aqueux. Les poils ne sont plus visibles sur cette pièce,
mais nous en avons trouvé ailleurs, comme nous le dirons plus loin. Nulle part, on ne voit des

Fig. 39. — Momie desséchée. Rôda. (Femme.)

traces de bitume. Les os longs de cette momie, qui appartenaient à un sujet très âgé, sont
des plus friables, aussi plusieurs fractures se sont-elles produites pendant le transport, malgré
les soins avec lesquels nous avons emballé cette belle pièce.

La seconde momie desséchée (fig. 39) a été trouvée dans une tombe voisine. De même
que la première, elle est couchée sur le côté gauche, les genoux très relevés contre la région
abdominale. Les avant-bras sont ramenés en avant, de telle sorte que les mains se trouvent à
la hauteur de la face. Ces extrémités sont très petites, et les doigts longs et fluets, sont repliés
sur eux-mêmes par la contraction des muscles fléchisseurs. Le crâne, régulier, dolichocéphale, égyptien typique, appartenait évidemment à une vieille femme. Le maxillaire inférieur,

petit, porte encore toutes les molaires qui sont très usées, ainsi que les canines encore en place. Les os sont tous friables, car cette femme était certainement arrivée à un grand âge. Ces os sont fracturés en plusieurs endroits par suite des secousses du transport. Dans certaines régions du corps, la peau est bien conservée. Presque partout, elle était recouverte d'une dépouille de gazelle, fine, bien tannée, qui devait former une espèce de chemise dans laquelle[1] le corps pouvait être renfermé. On voit aussi tout un ensemble de coutures, très régulières, ayant servi à réunir les dépouilles de plusieurs gazelles afin de faire un vêtement funéraire. Cette sorte de gaine protectrice a dû évidemment être appliquée, mouillée, après avoir été trempée dans un liquide antiseptique, car les plis nombreux et réguliers, dans certains endroits, n'ont pu se faire qu'avec une peau rendue très molle, montrant encore à certains endroits les poils jaunâtres de la gazelle. Au-dessus de cette enveloppe protectrice, on trouve encore de grands fragments d'une natte fine, tressée en joncs, qui enveloppait le cadavre d'un dernier vêtement destiné à le préserver le plus possible du contact du sol. Enfin, chose digne de remarque, dans la région fessière, entre les cuisses, un petit panier ovalaire, admirablement travaillé, se trouvait appliqué contre la région vulvaire ; il était destiné probablement à renfermer des substances parfumées ou antiseptiques. Un des seins, encore reconnaissable, forme de nombreux replis comme ceux des vieilles Égyptiennes de nos jours, et laisse reconnaître un mamelon encore bien conservé. Enfin, dans la région pelvienne, au niveau du rectum, nous avons pu recueillir une masse fécale, moulée, parfaitement reconnaissable, et conservée, quoiqu'elle ait été attaquée sérieusement par les insectes coprophages.

[1] De Morgan, *Recherches sur les origines de l'Egypte, Ethnographie*, p. 134 et suivantes.

6. RÉGION DE KHOZAM

Le joli village de Khozam, entouré de riches cultures de trèfle et de blé, ombragé de groupes superbes de palmiers élancés, est le centre d'une région qui, entre les champs irrigués et les sables du désert, est couverte d'une multitude de tombes formant de grandes et vieilles nécropoles, dont plusieurs, certainement préhistoriques, s'étendent à une très grande distance, au nord et au sud de la bourgade actuelle.

La nécropole proprement dite de Khozam, ainsi que les précédentes, a été malheureusement envahie et détruite en majeure partie par les cultures qui se sont avancées vers la limite du désert, à mesure que l'eau fertilisante a pu être amenée dans la plaine, jadis aride. Les fouilleurs aux gages des marchands de Luxor ont aussi fait beaucoup de mal en pillant ce que beaucoup de ces tombes pouvaient contenir.

A deux kilomètres au nord de la petite ville de Khozam se trouve, tout près du Nil, un énorme figuier Sycomore bien connu de tous les explorateurs de la région, et près duquel on attache ordinairement les Dahabiehs. A cet endroit, la rive du fleuve forme un escarpement de limon, haut de six à sept mètres, dans lequel on est obligé de tailler les marches d'un véritable escalier. Autour de cet arbre, évidemment très vieux, se voient de petits monticules renfermant des tombes jadis fouillées par notre ami M. Legrain, qui a trouvé dans cet endroit quantité d'objets intéressants. La ligne du chemin de fer passe à une petite distance, entre le gros Sycomore et un canal profond qui se dirige en ligne droite, vers le nord, et, après deux kilomètres, qui décrit une courbe brusque vers l'est. C'est à cet endroit, presque dans l'angle rentrant, que se trouve un important monticule, de couleur jaunâtre, et que l'on aperçoit de fort loin. En approchant, on peut constater que c'est une sorte de mastaba, construit en briques jaunes, cuites au soleil, et qui devait évidemment renfermer les sarcophages des potentats du pays. On voit encore les restes de plusieurs chambres voûtées communiquant avec un corridor voûté aussi, s'ouvrant au dehors, par l'extrémité du sud. Tout a été saccagé dans cette construction intéressante, sur laquelle nous n'avons trouvé aucun renseignement, et que rien n'a pu nous faire dater. Elle a cependant un aspect des plus archaïques, et a dû certainement fournir aux fouilleurs les objets les plus précieux, car une tombe de cette importance ne pouvait qu'être celle d'un grand chef ou d'un roitelet de cette région.

A cinq ou six cents mètres du gros figuier Sycomore, on voit dans la plaine un tumulus haut d'une dizaine de mètres et de cent mètres de diamètre environ. Il est couronné de plusieurs petites enceintes de briques cuites au soleil et de quelques pierres plates dressées, formant le tombeau du cheikh Benat-el-Beri, un dévot musulman, jouissant d'une grande réputation de sainteté dans la contrée. Sur toute la périphérie de ce tumulus, fouillé de fond en comble par les ordres du service des antiquités, on a trouvé une stèle intéressante, ainsi qu'un grand nombre de tombes anciennes dites préhistoriques, renfermant des poteries rouges et noires, accompagnées de quelques très rares fragments de silex. A cet endroit, nos fouilles n'ont donné aucun résultat. Mais c'est à peu près à deux kilomètres du fleuve, tout près de la limite du désert, que se trouvent de nombreuses tombes faisant partie de la vaste nécropole archaïque qui s'étend au loin dans toute la plaine de Khozam, au nord comme au sud. Malheureusement, depuis quelques années, cette cité des morts a été dévastée par les marchands d'antiquités. Une grande partie, profondément défoncée, a été transformée en champs, et se trouve aujourd'hui cachée et rendue invisible, recouverte qu'elle est par de superbes cultures de blé. C'est surtout à l'est, près d'un hameau élevé auprès de plusieurs sakkiyés, fournissant une eau claire et abondante, que nous avons trouvé beaucoup de tombes quadrangulaires creusées profondément dans le limon dur et gris de l'ancien Nil. Elles sont irrégulièrement dispersées, quoique la plupart soient orientées dans leur plus grande longueur de l'est à l'ouest. Elles sont profondes de plus d'un mètre, et ont été remblayées avec du sable fin. Dans le fond, on trouve toujours, au milieu du sable, les ossements épars, et la plupart du temps incomplets, de squelettes humains : vertèbres, os long des membres, côtes, os des tarses, qui sont semés sans ordre. Le crâne, souvent brisé, est placé loin de son maxillaire inférieur. Au milieu de ces fragments, on voit ordinairement des lambeaux de sacs ou de vêtements funéraires en peau de gazelle tannée. Tout à l'entour, se trouvent irrégulièrement disposés des vases cylindriques et des cruches de moyenne taille, ressemblant à de petits *zirs*[1] tournés en terre grise, non renflés en bas, mais au contraire terminés par une pointe conique. Cette disposition spéciale des ossements humains et du mobilier funéraire indique que nous avons bien ici des tombes de second ensevelissement. Il est donc certain que, dans toute cette région, on avait coutume de faire d'abord putréfier les chairs des cadavres, soit dans le sable peu profondément — comme les cadavres des bœufs suivant l'affirmation d'Hérodote — soit sur un lit funéraire, formé peut-être de branches d'arbres[2] puis, les chairs ayant disparu, de recueillir les différents os du squelette, afin de les ensevelir plus convenablement, entourés d'un mobilier funéraire à peu près toujours le même. Cette pratique, que l'on a rencontrée dans d'autres pays, explique la dissémination des os irrégulièrement placés sur le sol de la tombe, et aussi laisse comprendre l'intégrité des vases d'offrandes qui accompagnent les débris osseux du squelette. La plupart des crânes, cela doit être fait intentionnellement, étaient brisés en plusieurs morceaux ; nous avons pu cependant en recueillir six en assez bon état, dont l'examen minutieux nous prouve que les premiers habitants de cette région étaient bien positivement de vrais Egyptiens anciens tout à fait typiques.

Les cruches coniques qui devaient probablement renfermer de l'eau, se trouvent en grand nombre ; elles sont tournées en terre grisâtre plus ou moins grossière, ne présentent ni anses, ni ornements, et sont presque toutes de la même taille. Les vases cylindriques portent à peu près tous des lignes colorées en rouge sombre, déterminant de larges losanges irréguliers. L'orifice de ces vases est, en général, entouré d'une petite couronne en saillie qui

---

[1] Cruche à eau, servant de filtre, placée sur un bâtis de bois, dans les maisons des Fellahs.

[2] Actuellement encore, les moines du mont Sinaï, qui presque tous sont des Egyptiens de religion grecque, ont encore la coutume de faire putréfier les cadavres sur des grilles de fer, et ensuite, les chairs ayant disparu, de récolter les ossements pour les placer dans des ossuaires spéciaux élevés à l'intérieur de chapelles destinées à cet usage.

ne manque pas d'une certaine élégance. Beaucoup, de forme cylindrique, sont remplis, jusqu'à la moitié de leur hauteur, d'une terre grise, fortement tassée, provenant de l'ancien limon du Nil, dans lequel l'examen microscopique le plus attentif ne nous a montré aucune trace de viscères ou de substances nutritives. Nous pensions cependant, dans ces vases d'égales grandeurs et de formes toujours les mêmes, rencontrer soit les ancêtres des Canopes, soit des récipients à offrandes.

Dans une tombe, nous avons trouvé un petit vase, d'une forme tout à fait particulière (fig. 40), en schiste noirâtre très dur, finement tourné et présentant des parois excessivement minces. Un pot travaillé avec autant de précision et d'élégance, dans une pierre offrant une grande résistance, ne peut être le produit d'un art préhistorique. Cette belle pièce a été trouvée par nous-même, il ne peut donc y avoir supercherie. Il gisait au milieu de vertèbres humaines disséminées, et ne pouvait pas avoir été rapporté à cet endroit après l'ensevelissement ; mais sa présence, dans ces conditions, tendrait donc à prouver que le mode de sépulture en question s'est propagé pendant très longtemps, après les époques archaïques proprement dites, ou bien peut-être aussi que ces

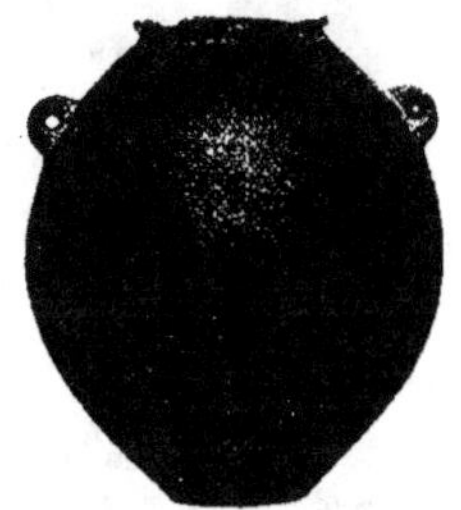

Fig. 40. — Vase en schiste. Khozam.

anciennes populations étaient déjà fort habiles à travailler les substances les plus dures, avec une instrumentation déjà perfectionnée, ce qui est admis par M. de Morgan.

Au milieu de ces mobiliers funéraires, nous avons rencontré plusieurs fois de grands fragments de peaux de gazelles, très fines, très souples, paraissant parfaitement tannées, et portant encore souvent le poil de l'animal tout à fait intact, mais présentant une couleur jaunâtre clair par suite d'un très long séjour dans le sol. Il n'y a donc aucun doute sur la nature de ces lambeaux qui sont les débris soit de vêtements habituels, soit de sacs funéraires destinés à renfermer les cadavres, ou les restes osseux seulement de débris humains. Des coutures très régulières assemblent encore différentes parties de ces peaux qui ne sont point réunies avec des fils de lin, mais avec de longs filaments de cuir. Les seuls ornements que nous avons trouvés consistent en un bracelet ouvert, taillé dans un os de bœuf probablement, terminé par une tête renflée d'un côté et par une pointe aiguë de l'autre. A côté du

Fig. 41. — Bracelet en os. Khozam.

bracelet (fig. 41 et 42), il y avait une petite cuillère-pendeloque, en os aussi, convexe d'un côté, concave de l'autre, tout à fait semblable aux ornements en argent qui se portent encore aujourd'hui en Norvège[1]. Mais les pièces les plus singulières que nous ayons rencontrées

---

[1] Une pièce semblable mais en nacre, trouvée à Saghel-el-Baglich, a été figurée par M. de Morgan, *Origines de l'Egypte*, p. 148.

sont deux figurines représentant de petits bonshommes levant les bras, qui ne sont formés que de moignons allongés, les mains manquant entièrement. La tête, les bras et

le haut du corps, jusqu'à la ceinture, sont peints d'une couleur brun chocolat. La partie inférieure du corps, qui a la forme d'un bouchon cylindroconique, est peinte en blanc. Les lèvres sont très grosses, retournées ; le nez est écrasé, et les cheveux fortement frisés, comme ceux d'un nègre, sont du plus beau noir. On se demande en vain à quoi pouvaient bien servir ces singulières poupées-bouchons. M. de Morgan[1] avait déjà signalé des figurines féminines presque semblables provenant de la nécropole de Touk, et présentant sur le corps et les bras de singuliers dessins noirs. Le bouchon de nos figurines ne peut s'ajuster à aucun des vases trouvés par nous, leur diamètre étant infiniment trop petit (fig. 43).

Fig. 42. — Pendeloque en os. Khozam.

Une autre pièce intéressante a été rencontrée tout à fait isolée dans une autre tombe qui ne renfermait que des fragments de crânes ; c'est un assez gros bloc en granit brun, taillé adroitement en forme de hérisson, reconnaissable à sa tête

et à ses larges oreilles[2]. Ce bloc très pesant présente, dans la région ventrale, ainsi que sur le dos, des traces de chocs multiples qui prouvent que cette statuette solide servait de maillet destiné à accomplir un travail spécial (fig. 44).

Dans d'autres tombes, nous avons trouvé quelques-unes de ces plaques en schiste verdâtre, signalées déjà bien souvent par un grand nombre d'observateurs. Elles figurent des poissons, des tortues, des canards, des oies, mais la plupart sont taillées simplement en ovales ou rectangles ne présentant aucune gravure, mais perforées d'un trou qui indique qu'elles étaient peut-être portées en pendeloques sur la poitrine des femmes (fig. 46 et 47). Mais quoique, à Khozam, nous ayons pu ouvrir de nombreuses tombes, non encore fouillées, nous n'avons pu trouver que deux ou trois fragments de silex tout au plus. A la surface du sol, dans cette vaste plaine, nous n'avons rencontré aucun instrument en pierre taillée. Le silex manque du reste entièrement dans cette région ; les cailloux, très nombreux à la surface du sol, consistent surtout en calcaire dur, très compact, plus ou moins siliceux.

Dans une autre tombe, nous trouvons, enterrée dans le sable fin, une petite barque, tressée en feuilles de palmier, et rendue étanche par une épaisse couche de résine, étendue en dedans et en dehors. Elle a trente centimètres de longueur, sur vingt de

Fig. 43. — Figurine. Khozam.

[1] De Morgan, *Origines de l'Égypte*, p. 52, fig. 101.
[2] *Erinaceus auritus*, Gmelin.

large, et, en avant, elle se termine par une proue élevée, formant un bec, comme en présentent encore aujourd'hui les barques qui naviguent sur le Nil, en Haute-Egypte surtout.

Ce panier-barque, qui est solide, bien lesté, peut flotter sur l'eau, et ressemble entièrement à celui qu'avait construit la mère de Moïse et qui était destiné à porter son nouveau-né[1] au milieu des roseaux du fleuve en Basse-Egypte. Ce sont des résines dont la nature n'a pu être déterminée qui rendent ce panier étanche; en avant seulement, la proue porte les traces d'un badigeon au bitume. Etait-ce un simple jouet d'enfant ou bien une barque sacrée, emblème religieux placé dans une tombe, à la suite d'une croyance spéciale? C'est ce que nous ne saurions déterminer (fig. 45.)

Après avoir étudié, avec tous les soins possibles, les nécropoles de la vallée des Singes, de Gébélein, Rôda, Khozam et Négadah, ainsi que les mobiliers funéraires que la plupart des tombes renferment, il est intéressant, comme conclusions, de rechercher quel est l'âge relatif de ces cimetières préhistoriques. Pour nous, la chose paraît assez simple : les silex très nombreux, toujours

Fig. 44. — Hérisson en granit. Khozam.
(*Erinaceus auritus.*)

taillés d'une forme artistique, placent la nécropole de Gébélein au premier rang sur cette liste

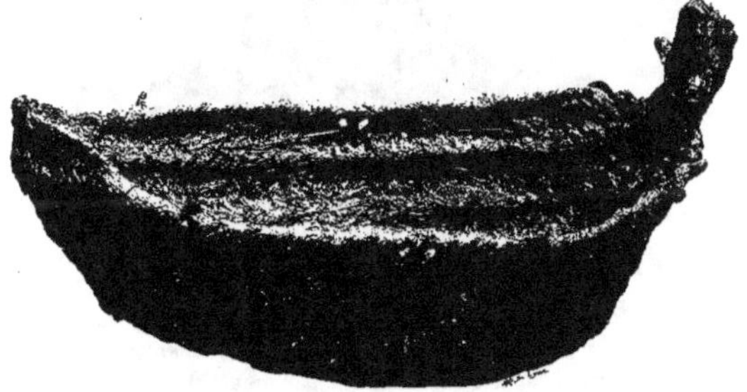

Fig. 45. — Barque en joncs. Khozam.

de haute antiquité. Les vases rouges et noirs, qui accompagnent les corps humains, simplement desséchés dans le sable et couchés sur le côté, concordent avec cette affirmation.

[1] Mais ne pouvant le cacher plus longtemps, elle lui fit un panier de joncs, qu'elle enduisit de bitume et de poix et ensuite y mit le garçon. (*Exode*, 1, 4.)

Après la nécropole de Gébélein, vient celle de Rôda, qui nous offre à peu près les mêmes caractères, mais qui cependant nous paraît moins ancienne, car les instruments de silex ne s'y rencontrent que très rarement. Pourtant, les momies humaines, simplement desséchées, couchées sur le côté gauche, les vêtements funéraires en peau de gazelle, qui les entourent, indiquent une antiquité encore considérable. Les vases rouges ne s'y trouvent que très rarement, tandis que les vases cylindriques, en terre grise, qu'on y recueille abondamment, sont bien tournés — *au tour* — et ornés de filets en couleur et en saillie qui pourraient peut-être indiquer une civilisation notablement plus avancée.

Fig. 46. — Plaque de schiste. Tortue. Khozam.

La nécropole de Khozam viendrait ensuite, et les mobiliers funéraires qu'on y rencontre indiquent une époque qui doit être à peu près la même que celle de Rôda : vases rouges et noirs rares, vases cylindriques en terre grise ornés de lignes lozangiques, vêtements funéraires en peaux de gazelle. Seulement, dans presque toutes les tombes, les ossements y ont été disséminés irrégulièrement, extraits, après putréfaction, des corps humains placés primitivement en plein air ou dans des tombes provisoires. C'est là évidemment une coutume archaïque qui doit être très ancienne. Je dois dire cependant que les crânes rencontrés dans cette nécropole indiquent, sans l'ombre d'un doute, que l'on est en présence des restes appartenant, non à une race étrangère, comme cela a été dit nombre de fois, mais à de vrais Egyptiens, ressemblant entièrement à ceux habitant, aux époques historiques, les régions de la Haute Egypte. La théorie émise depuis quelque temps, d'une race ancienne, autochtone, recouverte ou envahie par la race égyptienne

Fig. 47. — Plaque de schiste. Khozam.

venue d'Arabie, nous semble donc tout à fait problématique et basée sur des affirmations ne reposant sur rien de bien sérieux. Dans cette nécropole cependant, le vase en pierre dure trouvé par nous n'a évidemment pu être tourné que par un artiste non préhistorique.

La station de Négada, où d'ailleurs nous n'avons pu faire des fouilles sérieuses, paraît être tout à fait néolithique, si l'on en juge par le mobilier funéraire trouvé par un certain nombre d'archéologues, et surtout par la présence de silex taillés d'une façon si remarquable qui les fait ressembler à de très grandes pierres à fusil.

Les stations dont nous venons de parler ont été appelées *préhistoriques* par M. de Morgan et par d'autres observateurs. Ce terme peut être admis, si on entend par là que les objets historiques ou que les traces hiéroglyphiques ne s'y rencontrent point. Mais il ne doit rien préjuger quant à l'âge absolu de ces nécropoles archaïques, car dans toutes ces stations, les vases tournés élégamment, au tour, ainsi que les plaques de schiste, dont quelques-unes sont bien dessinées et gravées, semblent prouver avec évidence, que les anciennes populations de ces contrées jouissaient déjà d'une certaine civilisation, probablement bien supérieure à celle des stations paléolitiques ou néolitiques de France à pareille époque.

Jusqu'à plus ample informé, quel que soit le pays que l'on étudie, nous pensons qu'il est fort difficile, sinon impossible, d'émettre un avis sérieusement motivé sur l'âge relatif de telle ou telle station préhistorique, malgré une apparente similitude de taille lapidaire, surtout lorsque ces stations se trouvent à de très grandes distances les unes des autres. Alors, tous ces points de comparaison peuvent nous manquer et, de plus, nous ignorons absolument quelles sont les migrations des peuples, ou les révolutions du globe, qui ont pu réunir ou bien séparer brusquement tel ou tel rameau humain d'une souche primitive. Ces constatations ont la plus grande importance lorsqu'on étudie les anciennes stations humaines qui semblent couvrir avec tant d'abondance l'immense terre africaine, qui ne fait que se dévoiler à peine à nos yeux émerveillés. Là, depuis ces rivages méditerranéens jusqu'à l'extrême-sud, à travers les vastes déserts des régions centrales, les races humaines archaïques ont laissé partout, avec une abondance à laquelle on avait peine à croire, des traces nombreuses et partout répandues, de leurs campements, de leurs instruments usuels, de leurs armes, de leurs sépultures. Seulement nous ignorons absolument, jusqu'à ce jour, quelles ont été les migrations, les incursions lointaines de ces peuplades qui couvrent cette Afrique mystérieuse d'êtres humains dont les caractères sont si différents.

Peut-on espérer jamais savoir quel est l'âge relatif de ces races si diverses qui pullulent sur ce continent noir? Quelles sont celles qui sont restées toujours cantonnées sur leurs lieux d'origine, ou bien aussi quelles sont celles qui, comme les Touaregs de nos jours, ont parcouru sans cesse d'immenses régions, sans vouloir se fixer nulle part? Ou bien, pouvons-nous espérer connaître un jour quel est l'âge de ces Pygmées Sylvains qui se cachent dans les immenses forêts tropicales et dont les caractères anthropologiques semblent si primitifs et si inférieurs?

Nous croyons que, malheureusement, la plupart de ces questions doivent toujours rester sans réponse.

Mais il est cependant un point sur lequel nous nous permettons d'insister encore une fois : si le perfectionnement des types est un fait vrai pour l'espèce humaine comme pour les autres êtres vivants à la surface du sol, et la chose n'est évidemment point douteuse, on peut admettre sans grave hérésie scientifique que les races les plus inférieures, telles que celles des Bochismans, des Hottentots, des Pygmées Akkas, sont restées dans leurs formes les plus dégradées, les plus archaïques et que, par contre, leurs instruments doivent aussi avoir conservé une facture très inférieure. Malheureusement, l'observation, en Afrique surtout, montre qu'il n'en est pas toujours ainsi et que, très souvent, les armes en silex de ces populations dites inférieures ont atteint une perfection que ne présentent point toujours celles des races arrivées à un degré plus avancé de civilisation. De là, une impossibilité de déterminer, avec une précision de quelque valeur, l'âge comparé des restes laissés par les peuplades qui nous intéressent à tant de titres divers. Les méthodes qui donnent de très bons résultats en Europe ne sont peut-être point rigoureusement applicables aux races anciennes qui ont peuplé l'Afrique.

Au point de vue de la question d'antériorité ou de postériorité de telle station préhistorique par rapport à telle autre, question qu'il est souvent difficile de résoudre, il nous semble que les observateurs n'ont pas toujours attaché une importance suffisante à la nature même des silex que les hommes primitifs pouvaient avoir à leur disposition. Les dépôts de silex, disposés en bandes plus ou moins épaisses, stratifiées en quelque sorte dans les couches crétacées, donnaient les grands instruments allongés, pouvant être régulièrement taillés et polis, comme il est facile de le constater facilement en Danemark, par exemple. Tandis qu'ailleurs, comme à Luxor et dans beaucoup d'autres stations égyptiennes, le seul silex que pouvaient utiliser les habitants d'autrefois était de simples rognons toujours très irréguliers, à texture contournée, et déposés comme cailloux à la surface des terrasses crétacées et dénudées qui bordent, à une certaine altitude, les deux rives du Nil.

Avec un matériel aussi mauvais, les superbes instruments néolithiques de l'Europe du Nord ne pouvaient absolument pas se faire. Il est bien évident, et nous en avons fait maintes fois l'expérience, qu'avec une matière semblable, la taille des instruments ne peut donner de bons résultats que sous une forme nettement déterminée et qu'il est tout à fait impossible, malgré la plus grande patience et l'habileté la plus consommée, de produire certaines pointes de flèches ou certaines haches, par exemple, qui manquent absolument dans la région de Luxor et qu'on trouve abondamment ailleurs. Tandis qu'au contraire, les formes éolitiques découvertes par M. Schweinfurth s'y rencontrent fréquemment, pouvant être produites simplement par les cailloux siliceux, si répandus à la surface du sol, ainsi que par les morpholithes arrondis, instruments de jet et de choc produits par la nature elle-même.

Fig. 48. — Plaque de schiste. Khozam.

III

CRÂNES ANCIENS DE RÔDA

PRÈS DE MÉDAMOUT

Les crânes recueillis par nous dans les tombes de la nécropole préhistorique de Rôda, située dans la plaine, au delà de Médamout, sont au nombre de sept seulement. Ce chiffre est bien petit eu égard à celui des fosses que nous avons ouvertes, mais la plupart du temps, ces crânes étaient brisés en fragments si ténus qu'il était impossible de les reconstituer. Ceux que nous avons pu figurer dans ce travail ont tous été trouvés dans des tombes secondaires, au milieu des autres ossements disséminés au hasard, et le plus souvent incomplets. Il manquait, presque partout, les huit dixièmes des os longs ou courts, et bien souvent, quelques vertèbres, avec un petit nombre de côtes, accompagnaient seules le crâne. Dans une des tombes, celle de la jeune femme syphilitique, le crâne se trouvait absolument isolé au milieu de plusieurs vases funéraires, aucun autre os du squelette n'ayant été enterré avec lui.

Ainsi que je l'ai dit plus haut, à cette époque archaïque, tous les morts de la contrée devaient être couchés, soit sur des branches d'arbres entassées les unes sur les autres, exposés à l'air, aux oiseaux de proie, ou bien peut-être étaient-ils placés dans des tombes provisoires, ou abandonnés sur le sol de leur hutte jusqu'à ce que les chairs fussent tombées en putréfaction. Alors seulement, les os étaient recueillis en plus ou moins grand nombre pour être semés sur le sol de la tombe définitive avec un mobilier funéraire déterminé.

Par exception, et deux fois seulement, nous avons trouvé les corps non désossés, mais simplement desséchés, entourés de linges grossièrement tissés, de peaux de gazelles cousues les unes aux autres, et de nattes très fines, tressées en joncs. Un troisième squelette, qui ne montrait plus aucune chair desséchée, a été trouvé dans la grande jarre, dont j'ai déjà parlé plus haut. Sur aucun de ces squelettes ou de ces crânes, nous n'avons constaté des traces de bitume. Les substances conservatrices nous ont paru être tout simplement le natron résineux. Nous n'avons jamais trouvé, comme le Dr Fouquet l'a constaté pour les crânes d'autres régions, de la résine pure ou du bitume à l'intérieur de la cavité cranienne, ce qui prouve qu'à cette époque très reculée le bitume n'était absolument pas employé à Rôda. Dans la cavité cranienne de l'homme desséché, nous avons trouvé de gros morceaux de la substance cérébrale, dont les circonvolutions étaient nettement visibles. Ce fait avait déjà été signalé par notre ami le Dr Fouquet dans ses études sur les anciens crânes que lui avait confiés M. de Morgan ; mais il est bien certain aujourd'hui, que l'usage du bitume dans les pratiques de la conservation des corps ne date que d'une époque bien plus rapprochée de nous. Mais si cette substance n'était point en usage, nous pouvons affirmer qu'on devait déjà, à cette époque archaïque, tremper les linges, les vêtements, ainsi que les peaux de gazelles qui entouraient quelquefois les corps dans du natron résineux, substance qui teint ces objets en noir plus ou moins foncé, et qui leur donne une odeur caractéristique persistant un grand nombre d'années.

CRANE 1. — RÔDA

(Planche I.)

J'ai déjà eu l'occasion de parler longuement des lésions pathologiques importantes que l'on peut constater sur ce crâne, surtout du côté gauche. Il appartenait, sans aucun doute, à une jeune femme atteinte d'une syphilis tertiaire grave. Il est parfaitement asymétrique, la bosse pariétale droite étant notablement plus accentuée que la gauche ; aussi l'axe de la suture palatine ne correspond pas exactement à l'axe antéro-postérieur du trou occipital. Les courbes du crâne sont régulières et ne présentent rien d'anormal. Le trou occipital est régulièrement ovalaire ; les condyles articulaires de l'occipital sont peu développés et peu saillants, comme ils le sont en général chez la femme qui ne porte pas sans cesse une lourde cruche. Le front, étroit, ne montre qu'une bosse frontale peu prononcée, et se continue en courbe insensible avec les os du nez.

Les orbites, relativement peu développées, sont circonscrites par des angles très mousses. Les maxillaires supérieurs, peu prognathes, portent des dents implantées presque verticalement. Toutes les dents qui sont encore restées en place sont tout à fait saines, et les deux dents de sagesse se montrent à peine à l'ouverture alvéolaire. Ce crâne, très dolichocéphale, est d'une capacité peu considérable. Il appartenait évidemment à une femme jeune, âgée de vingt à vingt-deux ans à peine. Il est teint en jaune vieil ivoire, couleur due probablement au natron résineux avec lequel il paraît avoir été mis en contact pendant une durée plus ou moins longue. Il n'y a aucune trace de bitume ni à l'extérieur, ni à l'intérieur de la cavité crânienne.

CRANE 2. — RÔDA

(Planche II.)

Ce crâne, peu dolichocéphale, paraît avoir appartenu à une femme âgée d'une cinquantaine d'années. Les courbes en sont régulières, aussi est-il parfaitement symétrique. Les ruguosités d'insertions musculaires occipitales sont très prononcées ; les deux condyles, largement développés et tordus sur eux-mêmes, sont portés par de véritables pédoncules. Nous pouvons constater cette singulière disposition sur la plupart des crânes de femmes que nous avons pu examiner. Cette conformation si anormale des condyles pourrait bien provenir du port prolongé, pendant de longues années, d'une pesante cruche remplie d'eau, et des efforts constamment répétés qu'il faut faire pour maintenir ce fardeau en équilibre, tout en marchant sur des sentiers souvent fortement inclinés, lorsque ces porteuses d'eau remontent très péniblement les escarpements formés par les berges élevées et abruptes du Nil. Le trou occipital est ovalaire, avec une extrémité antérieure très élargie, tandis qu'il se rétrécit considérablement en arrière. Le front est fuyant, la bosse frontale peu développée. Les orbites, grandes, sont quadrangulaires à angles mousses. Les os malaires et maxillaires, volumineux, sont fortement projetés en avant. Le prognathisme des maxillaires supérieurs est très prononcé, ainsi que celui des alvéoles supérieures. Le prognathisme du maxillaire inférieur est à peu près nul. Presque toutes les dents sont saines, mais usées ; elles indiquent un sujet âgé d'une cinquantaine d'années. Au milieu de la suture des pariétaux entre eux, un fort coup de matraque probablement, dirigé d'avant en arrière et de gauche à droite, a enfoncé complètement la table externe et le diploé sur une longueur de près de trois centimètres. La réparation de l'os s'est faite en partie seulement, mais cette zône du crâne, restée très amincie, est devenue translucide lorsqu'on l'examine par le trou occipital.

CRANE 3. — RÓDA

(Planche III.)

Ce crâne, régulier, symétrique, très dolichocéphale, présente aussi une scaphocéphalie prononcée. Les muscles de la nuque ont laissé des empreintes profondes sur l'occipital qui est malheureusement brisé à sa partie inférieure, le trou occipital manquant, ainsi que la plus grande partie du sphénoïde. Le front est étroit, bas, fuyant, portant des bosses frontales, latérales et médiane prononcées. Une dépression horizontale, accentuée, se montre au-dessus des arcades sourcilières. Les orbites sont quadrangulaires, relativement petites. Les os maxillaires proéminents, sont creusés au-dessous du trou sous-orbitaire. Les os du palais portent des crêtes et des lamelles, comme cela arrive fréquemment chez les vieillards. Il y a un prognathisme marqué au maxillaire supérieur ; le maxillaire inférieur est fort et rugueux ; toutes les dents sont très usées. Ce crâne, évidemment masculin, devait, sans doute, appartenir à un homme de plus de cinquante ans.

CRANE 4. — RÓDA

(Planche IV.)

Ce crâne, qui présente des contours réguliers, est nettement dolichocéphale. Il est légèrement asymétrique, le diamètre antéro-postérieur du trou occipital ne correspondant pas exactement avec la direction de la suture palatine ; aussi les os de la face sont un peu repoussés du côté droit. Les impressions musculaires occipitales sont fortement dessinées, et les muscles de la nuque ont laissé des traces profondes de leurs insertions sur cet os. Les condyles de l'occipital sont de grandeur moyenne, mais saillants. Le trou occipital est large, presque circulaire. Le front est étroit, fuyant, avec une forte dépression transversale au-dessus des arcades sourcilières, qui sont elles-mêmes très prononcées. On peut se demander si cette gouttière horizontale ne serait point causée par l'usage prolongé depuis la jeunesse de la corde retenant une coiffure semblable à celle que portent encore les Syriens et les Bédouins de nos jours. Les orbites sont grandes, nettement quadrangulaires. Le prognathisme maxillaire supérieur est à peu près nul, et les dents implantées verticalement sont restées saines et peu usées. L'âge de ce sujet devait être probablement de vingt-cinq ans. Ce crâne ressemble d'une façon frappante au n° 8 de la série des tombes du cimetière d'Assouan, mais présente de nombreuses traces d'une altération de la table osseuse externe, qui pourraient bien être laissées par des lésions syphilitiques commençantes ; elles sont absolument semblables à celles sur lesquelles nous avons déjà appelé l'attention, et qu'on peut voir dans certaines régions du crâne n° 1, manifestement syphilitique. Ce sont également, sur différents os du crâne, des taches blanchâtres, nombreuses, irrégulières, tranchant par leur coloration claire sur la teinte jaune des os, et présentant toutes une tendance manifeste à dépolir, puis à ulcérer la table externe. Quelques-unes même ont attaqué ce feuillet externe assez profondément pour faire pénétrer l'ulcération jusqu'au diploé.

CRANE 5. — RÔDA

(Planche V.)

Ce crâne est absolument différent de ceux que nous avons étudiés jusqu'à présent. Sa longueur maxima est de 175 millimètres, tandis que sa largeur est de 143 millimètres, ce qui donne un indice de 81,71. Il n'est donc pas dolichocéphale, et sa forme tout à fait exceptionnelle est due au grand développement des bosses pariétales, conséquence forcée du raccourcissement du diamètre antéro-postérieur. Ce crâne, qui est certainement celui d'une femme âgée, présente des courbes très régulières ; les saillies occipitales sont peu accentuées, mais les condyles articulaires sont larges, tordus sur eux-mêmes et saillants comme chez les vieilles femmes qui portent la cruche à eau depuis leur enfance. Le trou occipital, presque circulaire, a un diamètre antéro-postérieur qui ne dépasse que de trois millimètres, à peine, le diamètre transverse. Le front, très droit, se prolonge harmonieusement avec les os du nez, les bosses frontales étant peu développées. Les orbites sont grandes, à angles arrondis. Les creux sous-orbitaires des os maxillaires sont prononcés. Pas de prognathisme supérieur ou inférieur. Les quelques dents qui restent sont usées. Au maxillaire supérieur, on voit une large échancrure édentée, présentant les traces d'une altération osseuse profonde. Nous avons certainement affaire, ici, au crâne d'une femme âgée d'au moins soixante ans. Les os du crâne ont conservé leur consistance normale, tandis que ceux du squelette sont devenus très poreux et légers, comme cela arrive chez les vieillards avancés en âge. Le crâne et le squelette étaient renfermés, comme nous l'avons déjà dit, dans une énorme bassine, non faite au tour, mais façonnée à la main.

CRANE 6. — MOMIE DÉSSÉCHÉE. — RÔDA

(Fig. 38.)

Homme âgé de cinquante à soixante ans. Crâne dolichocéphale. Crêtes occipitales saillantes ; front droit assez large ; bosse frontale médiane et arcades sourcilières peu marquées.

Os malaire peu élevé, peu saillant. Orbites très grandes, quadrangulaires, à angles arrondis. Maxillaire supérieur prognathe. Maxillaire inférieur épais, haut, fort; éminence du menton proéminente. Quelques molaires, en haut et en bas, très usées. Sur les os longs, on constate des fractures multiples dues aux secousses subies pendant le voyage.

CRANE 7. — MOMIE DESSÉCHÉE — RÔDA

(Fig. 39.)

Crâne de femme âgée, dolichocéphale, assez volumineux. Occipital à crêtes marquées; trou occipital ovalaire manquant en partie; condyles de l'occipital grands et incurvés. Front droit, élevé, mais étroit; bosse frontale moyenne et arcades sourcilières peu saillantes. Orbites grandes à angles atténués; os malaires peu proéminents. Maxillaire supérieur légèrement prognathe. Maxillaire inférieur peu élevé, dents mauvaises, usées; éminence du menton très saillante.

Les momies humaines desséchées simplement dans le sable du désert, sans imprégnation préalable et constante d'une substance conservatrice, natron résineux ou autre, sans traces d'un badigeonnage de bitume rendu liquide par la chaleur, ne sont point rares dans quelques localités de la Haute-Egypte. Depuis un certain nombre d'années, elles ont été recueillies avec soin par mon éminent collègue et ami, le Dr Elliot Smith, professeur à l'école de médecine du Caire, qui a pu, dans le Musée de cet établissement, en remplir un certain nombre de vitrines. Ces corps desséchés, mais aussi admirablement conservés dans quelques-unes de leurs parties, offrent les sujets d'études les plus intéressants. Ainsi le Dr Elliot Smith a pu extraire de plusieurs cavités craniennes des cerveaux desséchés, très ratatinés, mais si bien conservés, qu'il a pu étudier la disposition des circonvolutions, comparativement à celles des cerveaux pris sur des fellahs actuels et conservés par les procédés de durcissement employés aujourd'hui dans nos laboratoires.

Il est vraiment surprenant que, sans l'emploi de substances conservatrices ou antiseptiques, les dermestes, pourtant si nombreux, n'aient point pu accomplir leur œuvre de destruction. Certains tissus tombent en poussière dès qu'on les touche; d'autres comme la plupart des muscles sont bien conservés et transformés en une matière luisante, rougeâtre, presque résineuse, mais n'ont point été attaqués par les insectes sarcophages. La peau est aussi presque toujours conservée d'une façon merveilleuse, ainsi que certaines parties du système nerveux périphérique, mais partout le tissu cellulaire sous-cutané a disparu et s'est transformé en une substance pulvérulente très fine.

Sur quelques-uns de ces corps, nous avons cru trouver une légère trace de nature résineuse ayant laissé une odeur caractéristique. Dans tous les cas, jamais nous n'avons pu constater un badigeonnage quelconque fait au bitume. Il est évident que l'emploi de cette substance conservatrice n'a eu lieu qu'à une époque bien postérieure, lorsque les facilités des communications ont permis d'apporter en grande quantité le bitume des bords de la mer Rouge, ou celui de la vallée du Jourdain ramassé sur les rivages de la mer Morte.

Dans tous les cas, jusqu'à une époque relativement récente où furent trouvés les procédés d'une momification plus parfaite, c'est tout simplement l'action du sable fin, chaud, parfaitement sec, et aussi très souvent chargé d'une notable quantité de chlorure de sodium, qui empêchait la désagrégation de ces corps humains, ainsi que l'action dévastatrice des insectes vivants dans les matières en putréfaction.

Mais la chose importante à retenir et que nous a prouvée l'étude minutieuse de ces momies desséchées de Rôda ou de celles qui sont actuellement dans les différents musées du Caire, c'est que toutes appartiennent à cette ancienne race humaine de Rôda, race qui est certainement la mère de celle de Khozam et des anciens coptes d'Assouan. Elles sont donc positivement les représentants de la vieille race égyptienne qui, avant toutes les autres, peuplait jadis la Haute-Égypte.

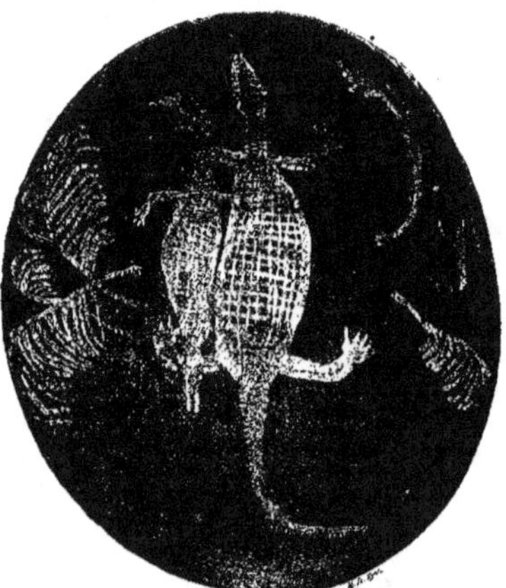

Fig. 49. — *Crocodilus niloticus* DESSINÉS EN BLANC SUR VASE DE LA NÉCROPOLE DE KHOZAM.

IV

CRÂNES DE L'ANCIEN CIMETIÈRE COPTE

D'ASSOUAN

En 1907, pendant un très long séjour fait à Assouan, nous avons assisté à l'effondrement d'un grand tombeau, situé dans l'ancien cimetière copte, s'étendant à l'entrée de la vallée désertique qui se dirige des hauteurs de la ville vers le petit port de Chellal et l'île de Philæ. La plupart des tombes de cette nécropole étaient surmontées d'un monument à coupole, élevé en briques crues, et à la base duquel on trouve, en général, une stèle en marbre blanc, couverte d'inscriptions commémoratives écrites en arabe. Presque toutes ces stèles ont été emportées au Musée du Caire; quelques-unes seulement, plus ou moins brisées, sont restées en place. Le tombeau dont je parle ne présentait plus sa coupole, tombée depuis longtemps, mais la stèle, heureusement conservée et protégée par l'éboulement même, indique que le monument date probablement du XIIe au XIIIe siècle de notre ère. A l'intérieur, une fosse voûtée, quadrangulaire, s'était également affaissée, laissant voir un certain nombre de squelettes jetés les uns sur les autres. C'est là que nous avons pu enlever quelques crânes, la nuit, et avec les plus grandes précautions, car ce rapt impie aurait pu occasionner une émotion populaire grave, si nous n'étions parvenus à acheter le silence d'un gardien par qui nous avions été observés. Cette trouvaille, quelque petite qu'elle fût, était néanmoins une bonne fortune pour nous, car elle allait nous permettre de comparer des crânes de vrais coptes, d'une époque reculée, avec ceux trouvés dans la nécropole préhistorique de Rôda, recueillis dans les conditions que j'ai rapportées plus haut.

A première vue, et sans même consulter les chiffres donnés par les mensurations, une chose nous a frappé, c'est la très grande ressemblance des crânes archaïques de Rôda, de ceux également anciens provenant de Khozam, que possède le Museum de Lyon, avec les vieux crânes coptes recueillis dans la tombe dont nous venons de parler, tandis que les crânes trouvés à Gourna ou dans d'autres nécropoles thébaines en diffèrent considérablement. Ces ressemblances et ces différences sont aussi rendues tangibles par la lecture des tableaux ci-annexés.

CRANE 1. — COPTE D'ASSOUAN

Ce crâne, très nettement dolichocéphale, devait probablement appartenir à une femme de quarante ans environ. Les courbes en sont régulières, quoiqu'il présente une légère asymétrie, la partie postérieure du crâne s'infléchissant vers la gauche, et le grand axe antéro-postérieur du trou occipital ne correspondant plus avec celui de la suture palatine. Les crêtes occipitales sont prononcées, les condyles articulaires développés et saillants. Le trou occipital est large, régulièrement ovalaire. Le front est droit, mais bas, la bosse frontale médiane est développée, tandis que les arcades sourcilières sont peu marquées. Les orbites sont grandes et régulières : les os maxillaires, peu développés, montrent un creux très accentué au-dessous du canal sous-orbitaire. Le prognathisme du maxillaire supérieur est sensible, les dents sont saines, non usées ; les molaires de sagesse sont encore visibles, mais atrophiées en partie.

CRANE 2. — COPTE D'ASSOUAN

Crâne d'homme, volumineux, à courbes régulières, dolichocéphale, ayant appartenu à un sujet de trente-cinq à quarante ans. Point d'asymétrie ; bosses pariétales développées. Les crêtes d'insertions musculaires à l'occipital sont très saillantes. Les sutures occipito-pariétales sont presque fermées. Le trou occipital est grand, ovalaire, à peu près arrondi ; les condyles articulaires de l'occipital sont forts et pédonculés. Le front étroit est fuyant, la bosse frontale médiane accentuée ; elle est surmontée par un sillon horizontal, profond, dû probablement à la corde de poils de chameau employée à retenir le foulard de tête. Les orbites sont ovalaires ; les os malaires peu proéminents ; le prognathisme des maxillaires supérieurs est à peine sensible. Les dents, qui sont saines, commencent à s'user. La voûte palatine présente des crêtes saillantes et rugueuses. Les parois du crâne ont une très grande épaisseur.

CRANE 3. — COPTE D'ASSOUAN
(Planche VI.)

Ce crâne est très dolichocéphale, symétrique, à courbes régulières, ayant appartenu à un homme de soixante ans environ. Les crêtes occipitales sont prononcées et fortement accentuées. Le trou occipital est large, presque circulaire. Les condyles sont plats et peu saillants. Les deux pariétaux, desquamés dans presque toute leur étendue, portent la trace d'une inflammation chronique et profonde. Le pariétal droit, dans sa partie antérieure, présente une large perte de substance, longue de 6 centimètres, large de 2 centimètres et quart, demi-circulaire, due certainement au choc violent d'un instrument contondant. A cet endroit, il y avait probablement une blessure très étendue du cuir chevelu, avec fracture de l'os, et plus tard, élimination d'une large esquille nécrosée. Les bords de cette grande perte de substance sont amincis en biseau et en voie de restauration. A peu de distance de cette fracture grave, l'os pariétal porte des bosselures nombreuses, des rugosités prononcées, qui indiquent que, là aussi, devaient se prolonger des fissures multiples et une zone inflammatoire intense et chronique, qui ont cependant fini par se cicatriser avec le temps.

Les orbites sont grandes, à angles arrondis; les os maxillaires rugueux, élevés; le prognathisme du maxillaire supérieur est insignifiant. Ce crâne est lourd, et les parois en sont très épaisses [1].

CRANE 4. — COPTE D'ASSOUAN

Crâne volumineux d'un homme âgé de vingt-cinq ans à peu près. Il est dolichocéphale, symétrique, et ne présente aucune lésion pathologique. Les courbes en sont régulières et la voûte ne montre que très peu de tendance à la scaphocéphalie. La ligne courbe occipitale est très marquée, ainsi que les rugosités occipitales nombreuses, indiquant les insertions des muscles de la nuque puissants. Le trou occipital est petit, irrégulièrement lozangique; les apophyses occipitales sont larges, aplaties, non proéminentes. La suture des os frontaux n'est pas fermée, la bosse frontale médiane est peu apparente, et les arcades sourcilières sont à peine indiquées. Les orbites sont grandes, à angles arrondis; les os maxillaires élevés présentent un enfoncement sous-orbitaire assez prononcé; il y a un léger prognathisme maxillaire supérieur. Le crâne est lourd, à parois épaisses.

CRANE 5. — COPTE D'ASSOUAN

Crâne de jeune femme, très dolichocéphale, symétrique. Le sujet devait être âgé de trente ans environ, quoique les dents de sagesse soient à peine sorties de leurs alvéoles. Les crêtes occipitales sont peu marquées; le trou occipital est régulièrement ovalaire; les condyles articulaires sont courbes et saillants. Le crâne présente un abaissement sensible du vertex, dû probablement au port prolongé de la cruche. Le front est droit, à glabelle presque nulle; les arcades sourcilières ne sont pas proéminentes, et la courbe nasale se continue presque insensiblement avec celle du front. Les orbites sont petites, à angles atténués; les os maxillaires sont proéminents, et les trous sous-orbitaires larges. Le prognathisme maxillaire supérieur prononcé pourrait faire croire à tort, croyons-nous, à une influence négroïde. Les dents, déjà usées, sont cependant saines.

CRANE 6. — COPTE D'ASSOUAN
(Planche VII.)

Ce crâne, nettement dolichocéphale, mais d'un petit volume, appartenait manifestement à une femme, âgée de quarante ans peut-être. Les courbes en sont régulières, mais il y a cependant une légère asymétrie, la bosse pariétale gauche faisant une saillie plus considérable que la droite. Les crêtes occipitales sont prononcées; elles sont dues certainement aux efforts, sans cesse répétés, que cette vieille femme a dû faire depuis l'âge de sept à huit ans, pour porter en équilibre sur la tête les lourdes cruches pleines d'eau, que toutes les fellahines vont remplir, deux ou trois fois par jour, dans le Nil ou dans les canaux, et cela souvent à de grandes

---

[1] Les crânes des Egyptiens anciens et modernes, dans les campagnes, m'ont toujours paru d'une épaisseur extraordinaire. On comprend que cet épaississement des parois est indispensable afin de préserver l'encéphale de l'action d'un soleil meurtrier. On est surpris de voir de très jeunes enfants tête-nue, rester pendant des heures entières, presque immobiles, exposés aux rayons du soleil le plus ardent. Hérodote avait déjà noté la raison de cette endurance : « Les crânes des Egyptiens, dit-il, sont si durs que tu les romprais difficilement en les heurtant avec une grosse pierre. Les prêtres m'en ont donné le motif, et je n'ai pas de peine à le croire : c'est que les Egyptiens commencent, tout enfants, à se raser la tête, et que leur crâne s'épaissit par l'action du soleil. » (Hérod., liv. III, chap. xii.)

distances, en marchant pieds nus, sur des sentiers accidentés, qui nécessitent des contractions souvent violentes, pour maintenir en équilibre ces vases énormes, renfermant une vingtaine de litres de liquide. Il est probable que, par suite de ce travail continué pendant un grand nombre d'années, les condyles de l'occipital deviennent plus développés, larges, tordus sur eux-mêmes et saillants. Le trou occipital, à grand diamètre antéro-postérieur, est régulièrement losangique. Le front est fuyant, la glabelle presque pas saillante, ce qui fait que le front se continue avec le nez par une courbe à peine indiquée, comme dans le type vulgairement appelé grec. Cette disposition extrêmement remarquable est la seule que nous ayons rencontrée. Les orbites sont grandes; la face antérieure des maxillaires est fortement excavée, comme cela se voit chez beaucoup de vieillards. Ces maxillaires, peu prognathes, portent encore trois molaires, très usées.

Crânes de Coptes d'Assouan (du XIIᵉ ou XIIIᵉ siècle)

Numéros	Sexe	Diamètre antéro-postérieur maximum	Diamètre transversal maximum	Hauteur basilo-bregmatique	Indices céphaliques largeur/longueur	Indices céphaliques hauteur/longueur	Indices céphaliques hauteur/largeur	Diamètre bi-auriculaire	Diamètre stéphanique	Diamètre frontal minimum	Indice frontal	Ligne naso-basilaire	Trou occip. Diamètre ant.-post.	Trou occip. Diamètre transverse	Indice du trou occipital	Ligne occipitale palatine	Observations
1	♀	178	128	139	71,91	78,09	108,59	120	107	93	86,91	98	34	29	83,29	40	(40 ans).
2	♂	192	134	135	69,79	70,31	140,74	118	106	84	79,24	106	38	35	92,08	40	(35 à 40 ans).
3	♂	186	136	136	73,12	73,12	100 »	130	113	97	85,84	104	37	33	89,20	39	(60 a.), perfor. par.
4	♂	184	135	139	73,37	75,54	102,96	126	121	99	81,82	103	35	32	91,42	45	(25 ans).
5	♀	187	137	137	73,26	73,26	100 »	114	116	92	79,30	99	35	29	82,85	44	(30 ans).
6	♀	171	128	124	74,85	72,51	96,87	112	102	89	87,25	94	36	30	83,34	»	(40 ans).
7	♂	189	134	144	70,90	76,19	107,46	127	109	94	86,25	104	33	33	100 »	42	(55 ans).
8	♂	185	130	133	70,27	71,89	102,30	125	102	91	89,21	103	37	31	83,79	45	(25 ans).
Totaux......		1.472	1.062	1.087	»	»	»	972	876	739	»	811	285	252	»	295	
Moyennes...		184	132	135	71,74	73,37	102,27	121	109	92	84,40	101	35	31	83,57	42	

Crânes et Momies de Rôda près de Médamout (Haute-Egypte)

Numéros	Sexe	Diamètre antéro-postérieur maximum	Diamètre transversal maximum	Hauteur basilo-bregmatique	Indices céphaliques largeur/longueur	Indices céphaliques hauteur/longueur	Indices céphaliques hauteur/largeur	Diamètre bi-auriculaire	Diamètre stéphanique	Diamètre frontal minimum	Indice frontal	Ligne naso-basilaire	Trou occip. Diamètre ant.-post.	Trou occip. Diamètre transverse	Indice du trou occipital	Ligne occipitale palatine	Observations
1	♀	176	131	132	74,43	74,99	100,76	110	102	84	82,35	98	37	29	78,39	44	(20 à 22 a.), syphil.
2	♀	173	131	130	75,72	75,14	99,23	118	102	88	86,27	101	35	29	82,85	44	(50 a.) 2 dépressions.
3	♂	186	135	»	71,81	»	»	124	107	89	83,17	»	»	»	»	»	(50 ans).
4	♀	184	129	139	70,10	75,54	107,75	120	101	91	90,10	102	38	32	84,10	45	(25 ans).
5	♀	175	143	132	81,71	75,42	92,30	117	119	92	77,31	93	30	27	89,99	42	(60 ans).
6	♂	176	128	128	72,72	72,15	100 »	»	»	»	»	»	»	»	»	»	(50 à 60 a.), momie.
7	♀	178	129	136	72,47	76,40	105,42	»	»	»	»	»	»	»	»	»	(50 à 60 a.), momie.
Totaux......		1.250	926	797	»	»	»	589	531	444	»	394	140	117	»	175	
Moyennes...		178	132	132	74,15	74,15	100 »	117	106	88	83,01	98	35	29	82,86	43	

Crâne de Momie de la Vallée des Singes

Numéros	Sexe	Diamètre antéro-postérieur maximum	Diamètre transversal maximum	Hauteur basilo-bregmatique	Indices céphaliques largeur/longueur	Indices céphaliques hauteur/longueur	Indices céphaliques hauteur/largeur	Diamètre bi-auriculaire	Diamètre stéphanique	Diamètre frontal minimum	Indice frontal	Ligne naso-basilaire	Trou occip. Diamètre ant.-post.	Trou occip. Diamètre transverse	Indice du trou occipital	Ligne occipitale palatine	Observations
1	♂	189	139	133	73,54	70,37	95,68	128	118	94	79,63	101	40	32	80 »	»	(60 ans), momie.

CRANE 7. — COPTE D'ASSOUAN

Ce crâne est un des plus dolichocéphales de tous ceux que nous avons rencontrés; l'occipital formant comme une sorte de poche, projetée en arrière, présente des impressions musculaires très prononcées. Le trou occipital est petit, quadrangulaire, à diamètre transverse un peu plus grand que le diamètre antéro-postérieur. Les condyles de l'occipital sont larges et forts, mais peu courbés. Le front est étroit, droit ; la bosse frontale médiane est peu marquée ainsi que les arcades sourcilières. Les orbites sont irrégulièrement quadrangulaires ; les os maxillaires sont hauts, proéminents, rugueux, et les trous sous-orbitaires larges. La voûte palatine est rugueuse, et les dents très usées. Ce crâne parait avoir appartenu à un homme de cinquante-cinq ans environ. Il présente une légère scaphocéphalie annulaire caractérisée par une dépression circulaire, assez marquée, située en arrière de la coronale et empiétant sur elle.

CRANE 8. — COPTE D'ASSOUAN

(Planche VIII.)

Ce crâne, nettement dolichocéphale, absolument symétrique, d'un volume moyen, devait être celui d'un homme âgé de vingt-cinq ans environ, les dents étant tout à fait saines et peu usées. Les courbes craniennes, belles et régulières, ne présentent rien d'anormal. Le trou occipital est ovalaire, allongé dans le sens antéro-postérieur ; les condyles de l'occipital sont de grandeur moyenne. Tous les os du crâne, mais surtout l'occipital, sont d'une épaisseur considérable. Le front est étroit et l'os frontal porte une crête médiane accentuée, qui se continue sur la région cranienne supérieure. La bosse frontale médiane est prononcée comme chez les vrais Égyptiens. Les orbites, moyennement développées, se terminent, en bas, par un rebord saillant dû au développement considérable des os maxillaires. Le prognathisme des maxillaires supérieurs est sensible, mais ce qui est vraiment extraordinaire sur ce crâne, qui porte encore dix molaires fortes et saines, c'est que toutes ces dents sont régulièrement inclinées en dedans, du côté de la voûte palatine, au lieu d'être implantées verticalement comme elles devraient l'être. Les os de la région cranienne droite, ceux de la région frontale et de la face, sont colorés en brun vieil ivoire, couleur qui ne semble cependant pas être due à l'action du feu. Ce crâne n° 8, d'Assouan, ressemble d'une façon frappante, à tous les points de vue, au crâne n° 4, provenant de la nécropole archaïque de Rôda.

CRANE D'UNE MOMIE DE LA VALLÉE DES SINGES

Cette momie provient d'un tombeau situé à l'origine même du Gabanet-el-Giroud, sur la droite du grand cirque bordé de rochers abrupts, qui est représenté figure 1.

Le tombeau mesurant 4 mètres de longueur, par 3 de largeur et 1 m. 50 de hauteur environ, est creusé moitié dans le calcaire crétacé, moitié dans le conglomérat très résistant qui surmonte le calcaire en ce point.

La momie, déposée sur la droite de la sépulture, était presque entièrement couverte par une couche de limon de vingt centimètres d'épaisseur. Autour du corps se trouvaient trois couvercles de canopes, en terre cuite, sculptés en forme de figures humaines. Ces figures sont enduites de bitume, aucune ne porte la barbe.

Le crâne de cette momie qui appartenait évidemment à un vieillard âgé probablement de plus de soixante ans, est volumineux, avec des courbes régulières ; il est élargi surtout au niveau des bosses pariétales, et doit par conséquent appartenir à la catégorie des Thébains. La crête occipitale est saillante, le trou occipital taillé en losange allongé ; les condyles larges et peu saillants. Le front est fuyant, traversé horizontalement par un large sillon supra-sourcilier. Les arcades sourcilières et la bosse frontale médiane sont accusées. Orbites irrégulières dans leur forme. Maxillaires supérieurs très creux au-dessous du trou sous-orbitaire qui, lui-même, est très large. Maxillaire inférieur dénudé en arrière, ayant perdu toutes les alvéoles des molaires. Dents supérieures et inférieures en mauvais état, chassées en partie de leurs alvéoles par l'allongement des racines. Toutes les sutures craniennes sont entièrement soudées. Les os de ce crâne sont très légers et friables.

La bouche est remplie d'un énorme tampon de linge solidement fixé entre les dents, le palais et le sphénoïde, et s'étend jusqu'au trou occipital. Ce bouchon, formé d'une toile assez fine, tombe en poussière dès qu'on le touche. Il paraît avoir été trempé dans du natron antiseptique, mais il ne présente aucune trace de bitume.

Quelle singulière idée d'ensevelir cette momie, dans un endroit aussi sauvage, au voisinage des tombes de singes, et si éloigné de toutes les autres nécropoles humaines !

CONCLUSIONS

L'examen attentif que nous venons de faire, des crânes trouvés par nous à Rôda, ainsi que ceux de Coptes ramassés dans le vieux cimetière d'Assouan, nous permet de tirer quelques conclusions intéressantes, surtout si on compare ces ossements à ceux trouvés dans d'autres stations préhistoriques par M. de Morgan et par quelques-uns de ses assistants, et aussi aux crânes des momies thébaines, assez nombreux, que possède le Muséum de Lyon.

Au premier coup d'œil, sans tenir compte des mensurations, on peut affirmer que les crânes de Rôda sont de dimensions et de formes très voisines de ceux trouvés à Négadah et à Kawamil, étudiés par le Dr Fouquet [1]. D'une manière générale, et en exceptant la pièce n° 5 de la série de Rôda, les crânes anciens d'Assouan, qui sont probablement ceux de Coptes, sont notablement plus dolichocéphales que les crânes égyptiens de la période thébaine. Par contre, les mêmes crânes de Rôda et d'Assouan ont une hauteur basilo-bregmatique bien plus forte, comparativement au diamètre transverse maximum, que les crânes égyptiens de cette même période thébaine. A un faible diamètre transversal, correspond le plus souvent une grande hauteur basilo-bregmatique, et inversement. Ces variations, dans un sens ou dans un autre, amènent toujours un système de compensations.

En résumé, dans les séries de crânes égyptiens que nous avons pu étudier au Musée du Caire et dans celui de Lyon, les crânes larges, et ce sont ceux des Thébains de différentes localités, et certainement aussi de différentes époques, sont généralement plats ou platycéphales ; les crânes étroits, qui sont ceux de Rôda et du cimetière d'Assouan, sont le plus fréquemment hauts ou hypsicéphales, avec un sommet en forme de double toit incliné, tendant à une légère scaphocéphalie.

---

[1] **Les crânes des Coptes d'Assouan, n°ˢ 3, 4, 5, 6, rappellent surtout les séries étudiées par le Dr Fouquet, et provenant de Négadah et de Kawamil ;** *in* de Morgan, *Origines de l'Egypte*, p. 294 à 314.

Nous avons déjà dit quel était l'âge probable des crânes récoltés par nous dans le grand et le vieux cimetière d'Assouan. Nous ne reviendrons pas sur ce sujet, mais les formes, les caractères que nous a donnés cette série, malheureusement encore trop petite, quoique étant d'origine absolument certaine, sont des plus intéressants, puisque ces crânes ressemblent beaucoup à ceux appelés préhistoriques, provenant des nécropoles archaïques de Rôda et de Khozam, dont les musées de Lyon et du Caire possèdent de nombreux exemplaires. Ces anciens Coptes d'Assouan paraissent donc avoir eu de grands rapports de races avec leurs ancêtres préhistoriques, créateurs des nécropoles de Rôda et de Khozam.

Ils ne paraissent pas avoir été influencés notablement par les populations nubiennes et négroïdes, qui auraient pu venir à Assouan des régions du Sud. Ils semblent avoir été encore moins mêlés avec celles du Nord qui, à certaines époques, ont pu remonter le Nil avec les armées conquérantes. Par contre, ces hommes du Nord ont peut-être donné naissance, dans la région même des nécropoles de Rôda, à un type thébain bien caractérisé, et qu'on retrouve très souvent chez les momies à bitume de cette région.

On peut donc conclure de ces faits, qu'à une époque très éloignée, ne pouvant être déterminée jusqu'à aujourd'hui, une ancienne race habitait les rives du Nil, dans ces parages de la haute Egypte, à Kawamil, à Guebel-Silsileh, à Khozam, à Rôda, et probablement dans beaucoup d'autres localités où des fouilles n'ont point été faites. De cette peuplade, certainement autochtone, sont descendus les Coptes de la haute Egypte, car, d'après tout ce qu'il nous a été possible de constater, les Coptes habitant aujourd'hui la région d'Assouan ressemblent encore d'une façon frappante par l'ossature de leur tête aux crânes découverts par nous dans les tombes de Rôda. Ceci tendrait encore à prouver ce que nous avancions ailleurs : c'est que pour nous, les Egyptiens, qui, du reste, ne présentent nullement les caractères propres aux Asiatiques, ne sont point venus d'Asie, mais qu'ils forment bien une race primordiale, autochtone, née en Afrique, avec des caractères africains manifestes : prognathisme plus ou moins prononcé, dolichocéphalie très marquée, tendance à la scaphocéphalie, et enfin, chez le vivant, grosses lèvres retournées, nez court fréquemment épaté.

On est aussi en droit de se demander quel peut bien être l'âge de ces vieilles nécropoles de Gébélein, Khozam et Rôda ? et s'il est permis, comme l'a fait le premier M. de Morgan, avec sa perspicacité bien connue, de leur donner le nom de *nécropoles préhistoriques*. Nous répondrons de suite par l'affirmative; pour nous, elles sont absolument préhistoriques, puisque aucun monument historique, pouvant les dater, n'y a jamais été rencontré. Par conséquent, aussi bien que les stations d'Europe, notoirement préhistoriques, elles ont le droit de porter ce titre qui les différencie nettement de celles ayant appartenu à d'autres époques. Seulement les difficultés ne sont que repoussées, si l'on veut serrer de plus près la question qui nous préoccupe, car il est bien évident que, quand bien même nous aurions accordé le titre de préhistorique à ces nécropoles archaïques, il ne nous sera cependant pas possible, dans l'état actuel de nos connaissances, de dire si celle de Rôda, par exemple, est plus ou moins ancienne que telle ou telle station préhistorique d'Europe.

Tout ce qu'il est permis d'affirmer aujourd'hui, c'est que les nécropoles que nous venons d'explorer ne sont datées par aucun monument, aucune inscription, faisant partie de l'histoire égyptienne, et que, par conséquent, elles ont le droit de porter le nom de préhistoriques comme celles qui se trouvent dans les mêmes conditions en Europe. On a voulu les rattacher à la IVe dynastie ; il n'y a pourtant aucune raison qui puisse justifier — si ce n'est peut-être pour Négadah — cette affirmation qui n'est basée sur aucun fait matériellement prouvé. Jusqu'à présent, au contraire, nous persistons donc à croire, avec M. de Morgan, que les nécropoles de Gébélein, Khozam et Rôda sont antérieures à l'histoire égyptienne, antérieures à l'époque où un sculpteur plus ou moins habile savait cependant déjà rappeler par des hiéroglyphes, souvent grossiers, certains faits historiques, ou bien les noms et les attributs des divinités ainsi que ceux des grands personnages de l'époque.

Le mode de sépulture définitive dans des tombes secondaires, le dessèchement, et non l'embaumement au bitume des cadavres, la position couchée sur le côté gauche, les jambes repliées de ces morts, les vêtements mortuaires en peaux de gazelle, tout cela prouve avec évidence que nous avons affaire, ici, à une race d'hommes très ancienne, séjournant dans le pays bien antérieurement à celle qui a su faire les admirables édifices de la haute vallée égyptienne. Cela ne veut pas dire que, dans certains cas, on n'ait point trouvé, comme mobilier funéraire, des pièces pouvant tromper un observateur peu exercé. Il a pu y avoir, en effet, dans ces nécropoles archaïques, des tombes relativement bien plus récentes les unes que les autres ; il est tout à fait impossible que les choses se passent autrement, car on ne peut raisonnablement admettre que tous les occupants des nombreuses tombes de Khozam ou de Rôda soient morts la même année pour entrer dans leurs demeures funéraires. Mais ces quelques exceptions que je signale ici, n'infirment point la règle, qui est basée sur un très grand nombre d'observations, bien faites, et sur des fouilles opérées minutieusement avec suite et sur plusieurs centaines de tombes.

Ces nécropoles archaïques, selon nous, sont infiniment plus anciennes que le siècle de la IVe dynastie, ainsi qu'on l'a publié. En effet, aucune inscription, aucun témoignage de quelque valeur ne peut faire admettre cette affirmation. En outre, ces tombes, au moins celles de Khozam et de Rôda, sont toutes des tombes secondaires, le corps du mort ayant été livré à la putréfaction ailleurs. Si cette coutume n'avait pas été très ancienne, et si on en avait conservé la souvenance, au temps d'Hérodote, ce père de l'histoire, si exact à raconter ce qu'il entendait dire, et qui paraît avoir séjourné longtemps à Thèbes, très près de ces nécropoles archaïques, eût fait certainement mention de cette singulière coutume, lui qui a décrit avec tant de détails le manuel opératoire employé à cette époque, pour préparer les morts à entrer, convenablement momifiés, dans les différentes nécropoles de Thèbes.

Le Dr Fouquet a constaté, dans les tombes de Négadah, la présence de masses, plus ou moins considérables, de bitume ou de résines, destinées à préserver de la putréfaction la cavité crânienne. Ces substances n'ont pu être placées dans cette cavité que par le canal nasal plus ou moins fracturé, soit, dans quelques cas, par le trou occipital après décapitation de la tête du mort. Ces substances bitumineuses ou résineuses ne se rencontrent jamais dans les crânes de Khozam ou de Rôda. Dans ces tombeaux, les têtes des squelettes nous ont toujours paru être séparées naturellement de la colonne vertébrale ; nous n'avons jamais découvert des traces de sections, soit sur les condyles de l'occipital, soit sur l'atlas ou l'axis.

Nous pouvons, pensons-nous, tirer comme conclusion de ce fait important à signaler, que les nécropoles de Khozam et de Rôda sont infiniment plus anciennes que celles de Négadah, si bien étudiées par MM. de Morgan, Wiedmann et Fouquet. Nous rappellerons que nous étions aussi arrivé à ce même résultat par l'examen des silex taillés trouvés dans ces différentes localités.

Comme l'avait déjà signalé M. Wiedmann lui-même[1], à Négadah : « Le défunt, immédiate-
ment après sa mort, était enterré dans sa maison ou tout auprès, c'est-à-dire dans les terrains
cultivés ; le corps une fois pourri, on aurait retiré les ossements pour les nettoyer — opération
qui expliquerait les marques de grattage sur les os — les transporter à la nécropole et les
déposer dans la tombe définitive. » Nous avons la presque certitude que l'hypothèse de
M. Wiedmann explique tout naturellement ce qui s'est passé à propos de ce double ensevelissement. D'après nous, il n'y a pas eu de décapitation. A Khozam ou à Rôda, pas de dépècement
du cadavre, pas même de grattage des os, encore moins d'anthropophagie comme cela a été
dit, mais tout simplement cueillette des ossements, plus ou moins
complets, lorsque le cadavre était décomposé.

Peut-être le corps était-il placé sur un bûcher funéraire non
allumé, exposé à l'air, aux oiseaux de proie, aux animaux carnas-
siers, ou bien enseveli provisoirement dans son champ, ou dans un
trou creusé dans le sol de sa hutte. Cette manière de faire est encore
corroborée par le fait que nous avons déjà signalé plus haut, la présence constante de vases cylindriques dans toutes les tombes, vases
remplis volontairement d'une terre provenant d'un champ cultivé, et
non avec du sable qui servait toujours à combler la tombe définitive.
D'après l'examen attentif que M. le professeur Schweinfurth a bien
voulu faire, il résulte que cette terre a été versée dans ces vases à l'état
demi-liquide, ou peut-être fortement humectée. A la base surtout de
ce culot de terre, remplissant presque entièrement le vase, on constate
la présence de certains ruissellements vermiculaires qui paraissent
indiquer une pareille consistance au moment du remplissage. D'après
M. Schweinfurth, cette terre provient du terrain nilotique sablonneux, tel qu'on le trouve dans les îles, au moment de l'étiage, et
sur lequel les indigènes sèment actuellement des melons et des con-
combres[2] (fig. 50).

Dans certains cas, à Négadah par exemple, des vases différents
de ceux de Rôda, renfermaient, avec de la terre, des cendres et des

Fig. 50. — VASE FUNÉRAIRE.
RÔDA.

fragments de bois plus ou moins carbonisés, provenant probablement du foyer abandonné
dans la hutte mortuaire. Mais à Khozam et à Rôda, on ne trouve que de la terre arable,
tandis que la tombe elle-même est presque toujours comblée avec le sable ou le gravier du
désert. La terre des vases cylindriques ne renferme aucun débris végétal, tel que des fragments de paille ou des glumes de graminées qui se conservent presque indéfiniment. Il n'y
a non plus aucune trace de substance animale, les analyses chimiques minutieuses faites par
M. Hugounenq, professeur à la Faculté de Lyon, le prouvent avec évidence. La terre de ces
vases n'a donc pas été mêlée aux reliefs d'un repas funéraire, et comme nous l'avions pensé
d'abord, ces récipients cylindriques, dont la forme n'est évidemment pas pratique, ne sont
donc pas les ancêtres des Canopes, renfermant des fragments des organes thoraciques ou
abdominaux du mort.

[1] Wiedmann, *in* de Morgan, *Origines de l'Egypte*, II, p. 203.
[2] Schweinfurth. *in* litt. Juillet 1907.

Comment donc expliquer le rôle symbolique rempli par la terre arable, pure, contenue dans les vases cylindriques? Ici nous en sommes évidemment réduits aux hypothèses. Aussi, par analogie avec ce que l'on trouve dans des tombes plus récentes, à Négadah par exemple, nous pensons, avec M. le professeur Schweinfurth, que cette terre arable représente dans ces vases funéraires la propriété rurale du défunt, dont il fallait conserver une parcelle rappelant peut-être le champ qu'il devait encore cultiver dans la vie future. Peut-être aussi cette terre devait-elle figurer dans l'autre vie le sol que le défunt avait foulé dans sa cabane.

Quelle que soit l'explication que l'on puisse en donner, la présence de cette terre dans les vases cylindriques est extrêmement intéressante, et, d'après le professeur Schweinfurth, elle serait peut-être l'analogue de ces champs d'orge minuscules, semés sur des nattes, et ayant poussé de plusieurs centimètres, dans certaines tombes royales de Thèbes, et rappelant le symbole de l'immortalité et de la résurrection. Peut-être cette terre est-elle destinée à faire naître des idées analogues, par rapport à la force génératrice innée de la terre. C'est aux égyptologues éminents de l'époque actuelle, à décider quelle est l'hypothèse que l'on peut admettre raisonnablement pour expliquer cette singulière coutume.

Quelques auteurs ont pensé, se basant sur certaines analyses chimiques, que les vases funéraires, que nous avons toujours trouvés pleins de terre seulement, devaient d'abord contenir des substances oléagineuses, déposées comme offrandes, dans les tombes, et remplacées par économie, plus tard, par de simples masses terreuses. Deux chimistes, ayant rencontré dans ces vases des matières grasses paraissant contenir de l'acide palmitique, en ont conclu que cet acide ne pouvait provenir que de l'*huile de palmes*, fabriquée en Guinée, grâce à la présence, dans cette région, de l'*Elais Guineensis* qui ne se montre point en Egypte.

De là, l'idée assez logique de faire venir ces offrandes de la Guinée. Nous avouons qu'il nous semble impossible d'admettre le transport de cette huile à travers tout le continent africain. Ce serait un voyage par trop fantaisiste, presque aussi invraisemblable que le transport en sens inverse, d'une prétendue architecture égyptienne, des bords du Nil, jusqu'à Dienné, dans la vallée du Niger. On oublie trop facilement que le *pisé* en terre pure ne peut donner lieu à une architecture bien variée et que, par cela même, depuis le Maroc jusqu'à Tombouctou, mosquées et maisons se ressemblent à peu près toutes, sans que pour cela le style architectural provienne de l'Egypte ou de la Nubie.

Pour en revenir à nos vases funéraires, on peut affirmer que les matières grasses qu'ils renfermaient à Négadah et à Ballas, suivant M. Flinders Petrie, ont donné lieu, comme cela est tout naturel, à la formation d'acides semblables à l'acide palmitique, grâce aux oxydations séculaires, qui transforment peu à peu les résines et les substances oléagineuses en acides gras. Il est plus simple aussi de croire que ces matières grasses et résineuses, au lieu de venir de la Guinée, ont été importées de l'Erythrée ou de l'Abyssinie qui étaient sans cesse en rapports commerciaux faciles avec l'Egypte.

Il reste encore un point intéressant à élucider, d'après les données qui nous sont fournies par l'examen comparé des crânes de Coptes et ceux de la nécropole archaïque de Rôda, que peut-on dire, aujourd'hui, de cette race préhistorique? Quelle est-elle? Et quelles sont les affinités qui peuvent la réunir aux populations actuellement vivantes dans les régions voisines?

Pour nous, les crânes de Rôda, de Khozam, ressemblant si fort à ceux du cimetière copte d'Assouan, sont bien ceux de l'antique et vraie race égyptienne, peuplant la haute Egypte depuis l'antiquité la plus lointaine, et restée presque pure jusqu'à nos jours. Si cette ancienne race est si différente de celle dont on trouve les restes dans les nécropoles thébaines, c'est que ces dernières ont reçu surtout les momies des habitants de cette célèbre ville, très peuplée, où, depuis une époque lointaine, arrivaient en grand nombre les habitants de la basse Égypte, ainsi qu'une foule d'artisans ou de commerçants étrangers : Phéniciens, Syriens, Assyriens, Perses, Grecs, Romains, Bédouins, etc., y séjournant plus ou moins longtemps, ou s'y fixant pour toujours. Tous ont dû laisser des traces profondes de leur passage, malgré l'assimilation que la race égyptienne pure semble opérer très rapidement sur l'élément hétérogène avec lequel elle se trouve en contact. Cependant il ne faudrait point croire que cette puissance assimilatrice arrête complètement le retour de certains types ataviques. C'est donc cette *trituration* de races, ayant duré probablement plusieurs milliers d'années, qui a différencié si fortement les crânes des momies que fournissent actuellement aux anthropologistes les différentes nécropoles de Thèbes. Nous connaissons aussi fort peu, justement à cause de ce mélange, les caractères ethniques des anciens habitants de la basse Égypte, bien plus mêlés encore depuis tant de siècles.

Pendant longtemps nous avions pensé qu'il était possible d'admettre une grande influence des populations Berbères sur celles de la vallée du Nil. Mais à présent nous avons rejeté cette supposition qui nous paraît être contraire à la réalité des faits. D'abord, elle ne serait pas en harmonie avec la loi générale qui montre que la plupart des peuples ont émigré de l'est à l'ouest. C'est certainement une des raisons, étayée par plusieurs considérations d'ordre botanique, qui fait que notre excellent et savant ami le professeur Schweinfurth, comme aussi M. de Morgan, font arriver les Égyptiens anciens des régions asiatiques, à travers la mer Rouge. Malheureusement, il nous semble que c'est encore là une simple théorie, toujours basée sur les traditions hébraïques, et qui jusqu'à aujourd'hui ne saurait être prouvée, car personne que je sache n'a constaté les liens anthropologiques qui pourraient unir la race égyptienne aux populations fixes ou nomades de la Mésopotamie ou de la presqu'île arabique. La présence, évidemment intéressante, du figuier Sycomore, arbre natif des Indes, et cultivé depuis des siècles en Égypte, n'est vraiment pas chose suffisante pour faire croire à l'émigration des Égyptiens depuis les Indes jusqu'aux bords du Nil, car cet arbre superbe a bien pu être apporté par d'autres moyens, sans avoir recours à l'exode de toute une race.

A notre point de vue, il n'est pas plus sérieux d'admettre l'arrivée par le Sud-Ouest, des populations du Niger à travers les affreux déserts du Tibesti, du Kordofan et autres, semés de quelques rares oasis, par lesquels peuvent seuls passer aujourd'hui les plus endurcis des voyageurs modernes, Barth, Nachtigal, Rolhfs, grâce aux secours de toutes les ressources modernes.

Les populations Berbères, pas plus que celles de la vallée du Niger, ne ressemblent aux hommes de Khozam ou de Rôda, et les langues dont ils se servent, ce qui a bien une certaine importance, ne ressemblent en rien à celle employée par la vieille race égyptienne.

D'après Diodore, les Lybiens et les Éthiopiens ont pu jouer un grand rôle dans la formation du peuple égyptien. Cela est possible, car les habitants de la grande boucle du Nil, appelée presqu'île de Méroé, étaient bien plus rapprochés de l'Égypte que les négroïdes vivant plus au sud. Mais à cet égard, on ne peut rien affirmer de certain, car cette partie de la Nubie,

qui renferme encore tant de monuments intéressants, étranges, et non encore étudiés sérieusement, n'a jamais été explorée au point de vue anthropologique. Ce qui nous a frappé, dans
un rapide voyage exécuté en 1904, c'est que les habitants de cette région semblent former
une transition presque insensible entre les négroïdes et le type égyptien. Actuellement, pensons-nous, toute étude sérieuse sur ce sujet est presque impossible, la presqu'île de Meroé a
été si souvent ravagée, au siècle dernier, jusqu'aux guerres du Mahdi, par des soldatesques
effrénées, que les populations autochtones pourraient bien être entièrement détruites, ou le peu
qu'il en reste, être mélangé aux flots envahisseurs venus de nord ou du sud[1].

Il est évident que dans une vallée aussi étroite, aussi resserrée que celle du Nil, peuplée d'un
nombre très restreint d'habitants, l'influence du sang venu d'en dehors a dû être considérable,
plus peut-être que partout ailleurs. Jadis, au moment de sa plus grande prospérité, elle avait, au
dire des historiens, sept millions d'habitants, ce qui n'est cependant guère admissible. A l'époque
de Jules César, pendant qu'écrivait Diodore, ce nombre était descendu à trois millions, et
en 1860, la population atteignait à peine un million et demi. Dans des conditions pareilles,
on comprend l'effet du métissage effréné qui se produisait partout, soit à la suite de nombreuses armées envahissantes, soit par l'introduction sans cesse répétée de femmes asiatiques
ou de négresses amenées chaque année en troupeaux considérables. C'est ce qui faisait dire à
mon vénéré maître Virchow : « Mensurer avec fruit les têtes des Égyptiens, c'est absolument
comme si on voulait s'amuser à mensurer les têtes de chiens errants de nos grandes villes. »
Nous croyons aujourd'hui qu'il avait raison.

Aussi est-ce bien cette confusion des races à Thèbes, cette *macédoine* de types si divers
en basse Egypte, qui désolait si fort Virchow, que nous vimes un jour jeter avec désespérance,
comme tout à fait inutiles, ses instruments de mensuration, au milieu d'une centaine de crânes
de momies qu'il examinait dans un des magasins de l'ancien musée de Gizé.

Les Grecs surtout, bien avant l'arrivée d'Alexandre, ont certainement joué le plus grand
rôle dans une invasion pacifique qui s'est continuée, sans arrêt, depuis une époque très
reculée. Partout, à Assouan et même en Nubie, on en retrouve des traces certaines. Comme
nous l'avons déjà signalé plus haut, les rochers des déserts présentent souvent des inscriptions
grecques. Actuellement, la même activité coloniale se poursuit avec une intensité tous les jours
croissante, et partout, en Nubie, au Soudan et dans les régions tropicales de l'Afrique, ainsi
que nous avons pu le constater, à Khartoum et ailleurs, les Grecs se répandent de plus en plus
comme colons de premier ordre. Dans les villages les plus éloignés, il y a toujours un *barkal*,
c'est-à-dire un épicier de nationalité grecque, prêt à vendre les denrées européennes et à
exporter les produits de l'Afrique.

Dans la basse Egypte, nous ne pouvons actuellement rien savoir de précis sur les
nécropoles archaïques des anciens habitants du pays, ni sur les caractères de leur crâne. Toutes
les traces en sont cachées profondément, enfouies à une grande profondeur, peut-être à
20 ou 30 mètres, sous les dépôts que le Nil répand depuis des milliers d'années sur les plaines
du Delta. Pour s'en convaincre, il n'y a qu'à examiner l'emplacement de Memphis, à peu près

---

[1] Pour se rendre compte de ce que peuvent être ces massacres inouïs, ces exterminations voulues de populations
entières, on peut lire les descriptions prises sur le vif, par le célèbre voyageur zoologiste Rüppel. Dans un seul
district, il a vu massacrer cinquante mille personnes, vieillards, femmes, enfants, tandis qu'on en laissait mourir de
faim plus de dix mille, ne pouvant les emmener. (Rüppel, *Revue Germanique*, 1829, p. 58 et suivantes.)

disparu sous des masses énormes de limon, ou bien l'obélisque d'Héliopolis, dont la base repose dans un trou de plusieurs mètres de profondeur. En basse Egypte, où l'inondation se fait sentir partout et longtemps avec une intensité extrême, tout a été enseveli sous les couches de vase, et malheureusement aussi, tous les ossements des animaux et des hommes sont détruits par l'humidité du sol, ainsi que nous avons pu le constater pendant les dernières fouilles exécutées à Héliopolis.

La population copte d'Assouan paraît avoir conservé jusqu'à nos jours des caractères bien distinctifs, parce que plus que tout autre, surtout par des motifs religieux, elle paraît avoir été mise à l'abri des mélanges, sans cesse renouvelés, dans le grand *emporium* que devait être la ville de Thèbes aux cent portes, et toute la région circonvoisine, où venaient se fixer quantité d'industriels de tous pays, de tisserands et embaumeurs de différentes catégories, sans compter les voyageurs venant des régions du monde ancien les plus éloignées, attirés par les splendeurs des temples et des cérémonies religieuses.

Mais les habitants de Rôda, pas plus que ceux qui ont peuplé le cimetière copte d'Assouan, n'ont subi pareille influence, car Syène était une ville frontière, un poste stratégique surtout, qui n'attirait probablement que fort peu les étrangers. Les habitants de cette modeste bourgade ne semblent pas avoir subi une imprégnation sérieuse de la part de la race nubienne qui, du reste, n'a joué qu'un très petit rôle dans l'antiquité, car anciennement, comme aujourd'hui, la Nubie était réduite à une étroite bande cultivable sur les deux rives du Nil, qui coule au milieu de vastes déserts; cette contrée n'a jamais pu nourrir une population importante.

Les nègres n'ont laissé que très peu de traces sur les habitants d'Assouan; dans l'antiquité ils étaient importés en petit nombre, et peut-être même, n'en arrivait-il point dans Syène à l'époque où vivaient les hommes de Rôda. De même, les Bicharin, qui paraissent être les descendants des Blemmies d'Hérodote, ne viennent que fort peu nombreux dans les environs d'Assouan. Il paraît qu'ils ne contractent jamais de mariage avec les gens du pays; aussi est-il probable que cette absence d'unions entre les deux races était la même dans l'antiquité. Du reste, la conformation de leur crâne est absolument différente de celle des Coptes de nos jours et des anciens habitants de Rôda.

Nous croyons donc, jusqu'à plus ample informé, que les populations qui vécurent dans la région de Gébélein, Khozam et Rôda, de même que les Coptes anciens du pays de Syène, représentent le type égyptien, le plus ancien, le plus pur, des époques préhistoriques et historiques, tel qu'il était avant l'invasion d'une multitude mélangée de races diverses, remontant le Nil depuis la basse Egypte, entraînée vers ces régions du soleil par les armes, la religion ou le commerce.

Fig. 51. — TÊTE D'ANTILOPE EN OS. KHOZAM.

V

FIGURINES EN CIRE

TROUVÉES DANS LA VALLÉE DES SINGES A THÈBES

On a pu voir, dans la première partie de cet ouvrage, une très belle et intéressante figurine en cire, appliquée comme un moulage sur la jolie petite momie de singe que nous avons

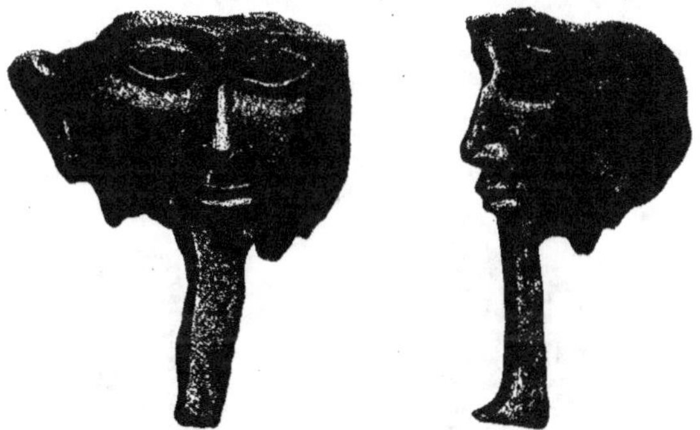

Fig. 52. — Masque osirien, face et profil.

représentée à la figure 117[1]. Ces masques, modelés avec une très grande habileté, dans une
lamelle de cire rendue assez résistante, grâce à la présence d'une matière verte, incorporée à
elle, très probablement un sel de cuivre, étaient fixés sur la face des singes momifiés lorsqu'ils
étaient de petite taille. Aussi, dans les fouilles exécutées par l'un de nous, en haut d'un ravin

[1] *La Faune momifiée de l'ancienne Egypte*, 1re partie, p. 247, fig. 117.
Cette momie n'a pas été ouverte, et la radiographie n'a pu donner aucune image distincte de l'intérieur, les
rayons X étant arrêtés par le bitume et le sable.

prenant naissance, à droite, dans la vallée des Singes, en pleine montagne thébaine, a-t-on trouvé, à une profondeur peu considérable, à la base des rochers verticaux, les six jolies figurines photographiées ci-contre, de grandeur naturelle. Aucun os de singe, aucun débris d'une

Fig. 53. — Masque osirien, face et profil.

momie animale quelconque, n'a été trouvé dans le voisinage. Ces masques, qui ont été évidemment exécutés par un artiste habile, représentent des types humains qui devaient se rencontrer fréquemment à cette époque ; c'est à ce point de vue-là qu'ils offrent un certain intérêt anthropologique.

La figure 52 est loin d'être entière : le front manque ainsi que le bas des joues. Une seule oreille a été conservée ; elle est ramenée en avant, comme cela se rencontre encore de

Fig. 54. — Masque osirien, face et profil.

nos jours chez certains individus auxquels on donne le nom populaire d'*oreillards*. Les yeux sont taillés en amande, très allongés, le nez est fortement aquilin, et les lèvres serrées sont projetées en avant, par suite d'un trop grand raccourcissement de la région naso-mentonnière. La barbe officielle, tressée en catogan, montre que la tête représentée est masculine.

La figure 53 est aussi celle d'un homme caractérisé par une barbe tressée à l'*osirienne*.

Les yeux, très allongés, sont taillés en amande, et les sourcils, représentés par de simples traits, rappellent tout à fait certaines figures archaïques trouvées à Chypre, ou dans les déblais entourant les hautes murailles de l'Acropole d'Athènes. Le nez plus court, légèrement courbé, et

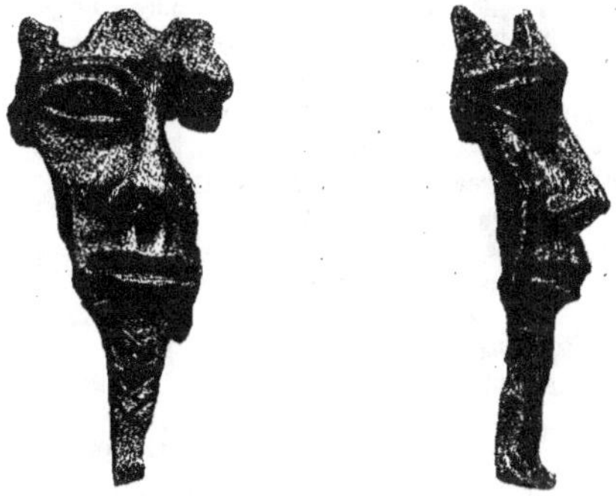

Fig. 55. — Masque osirien, face et profil.

tombant un peu à son extrémité, fait penser aux profils des Israélites, ou à ceux des Arméniens. Les lèvres sont épaisses et retournées, la barbe est large et rayée horizontalement.

La figure 54 est encore celle d'un homme, car l'insertion de la barbe qui manque est cependant encore très visible. Ce masque est travaillé beaucoup plus grossièrement que les autres. Les yeux sont cependant bien dessinés ; le nez, court, est surélevé dans son milieu, ce qui lui donne l'aspect européen ; cependant, sa largeur vers les narines trahit le véritable

Fig. 56. — Masque osirien, face et profil.

type égyptien. Les lèvres sont serrées ; l'inférieure, épaisse, est fortement projetée en avant.

La figure 55 est aussi des plus intéressantes : c'est toujours la face d'un homme à barbe régulièrement tressée. Un œil, le nez et la bouche ont seuls été conservés. Les yeux sont allongés, les sourcils régulièrement courbés ; le nez, très étroit, entre les yeux, se relève dans sa partie médiane, presque comme dans la figure 52. Il est long, médiocrement élargi à son extrémité. Les lèvres, serrées, sont fortement projetées en avant, sans cependant présenter un caractère négroïde. Elles sont semblables à celles de certains dégénérés d'une famille royale bien connue.

La figure 56 est aussi celle d'un homme; elle ne montre plus que la base du front, le nez, la bouche, les joues et l'origine d'une barbe tressée. Les yeux sont en amandes et les sourcils bien dessinés. Le nez, courbe, tombe entièrement à son extrémité antérieure. Il est absolument israélite. Les lèvres sont serrées et peu proéminentes. De chaque côté, les joues portent deux traits profonds, horizontaux, qui ressemblent à ces cicatrices qui, encore aujourd'hui, ornent si fréquemment les joues de certains fellahs d'Egypte ou de Nubie.

Le masque 57 est le plus entier de cette série. Les yeux, en amandes et bridés, sont relevés en dehors, ce qui les fait ressembler d'une façon frappante à ceux que l'on rencontre dans l'ancien art chypriote. Les sourcils sont figurés par un double trait, imprimé profondément. Les paupières sont bien dessinées; le nez court, droit, arrondi à l'extrémité, un peu élargi en bas, est bien celui d'un Egyptien de race. Les lèvres sont fermées, grosses et retournées; la barbe est relevée à l'extrémité inférieure, comme sur les figures osiriennes. Les paupières supérieure et inférieure étaient fortement dorées.

Que pouvaient bien faire dans cet endroit désert, au milieu des rocailles, ces figurines si intéressantes, et pourquoi n'étaient-elles point accompagnées de débris des momies de singes qu'elles étaient certainement destinées à orner? Nous appelons encore l'attention des égyptologues sur ce point, c'est que ces masques représentent tous des types masculins.

Fig. 57. — Masque osirien, face et profil.

VI

MUSARAIGNES

Les musaraignes ont été signalées déjà par plusieurs naturalistes au nombre des animaux momifiés de l'antique Egypte.

Olivier[1] a trouvé, mêlés à des coquilles d'œufs brisés, quelques-uns de ces animaux dans un des puits d'oiseaux sacrés d'Acquisia, près de Memphis.

Passalacqua rapporta plus de vingt individus d'un tombeau de la nécropole de Thèbes, dans lequel ils avaient été déposés avec des oiseaux, des reptiles et des insectes.

Il y a quelques années, l'un de nous[2] recueillit plusieurs spécimens de musaraignes provenant des puits de Sakkara. Ces petits insectivores, entourés avec soin de bandelettes enduites de bitume, étaient conservés dans de minuscules sarcophages en bois doré.

Souvent aussi, on a rencontré des musaraignes associées aux momies d'oiseaux de proie provenant de Thèbes et de Gizé.

L'hiver dernier, enfin, nous avons pu nous procurer, à Assiout, un grand nombre de ces petits animaux agglomérés dans le bitume, par séries de cinquante à soixante-quinze individus. Ces singulières agglomérations, en forme de pains aplatis, ou de grosses lentilles, ont de 25 à 30 centimètres de diamètre par 15 centimètres d'épaisseur environ. Elles proviennent des tombeaux d'Akhmim où elles étaient placées, à côté de nombreuses momies d'oiseaux de proie, sur la banquette de pierre qui entoure l'intérieur de la chambre funéraire. Des spécimens de même provenance sont conservés dans la collection égyptologique du Musée de Berlin[3].

Les musaraignes recueillies au siècle dernier par Olivier et Passalacqua ont été étudiées par Geoffroy Saint-Hilaire[4], qui les a rattachées aux espèces *Sorex giganteus* et *Sorex religiosus*. Celle-ci, de très petite taille, rappelle notre musaraigne musette et surtout la musaraigne étrusque; la première se rapproche, par ses dimensions bien plus élevées, de la musa-

---

[1] Olivier, *Voyage dans l'Empire Ottoman*, vol. II, p. 94, et atlas.

[2] *La Faune momifiée de l'Egypte*, 1re partie, 1903, p. 33, fig. 22, 23 et 24 ; *Archives du Muséum de Lyon*, t. VIII.

[3] Tiermumien, *Kgl. Mus. Kat.*, p. 317.

[4] Mémoires sur quelques espèces de musaraignes ; *Annales du Muséum de Paris*, 1827, p. 117, fig. 3.

raigne géante de l'Inde. On doit remarquer toutefois que quelques-uns des grands individus attribués à *Sorex giganteus* appartiennent plutôt à *Crocidura Olivieri*.

Nous avons examiné, le contenu de quelques-unes des séries d'Akhmim. Les musaraignes étaient fortement serrées les unes contre les autres, au moyen de nombreuses bandes de toile brunies par une solution de natron résineux (fig. 58).

L'une contenait cinquante de ces petits insectivores avec, en outre, plusieurs plumes, deux petits oiseaux de la taille de l'hirondelle *(Chelidon rustica)*, un œuf de reptile, des tronçons de deux serpents *(Zamenis florulentus)* et un crâne de rongeur *(Acomys Kahirinus)*.

Fig. 58. — MUSARAIGNES MOMIFIÉES D'AKHMÎM.

La seconde agglomération renfermait soixante-quinze musaraignes mêlées à quelques plumes d'oiseaux. Ces petits mammifères appartiennent, d'après les proportions du corps et de la queue ainsi que par la formule dentaire, aux trois espèces suivantes : dix-neuf spécimens de grandes dimensions à *Crocidura crassicauda* Licht.; dix-huit de grosseur moyenne à *Crocidura Olivieri* et trente-huit de petite taille à *Crocidura religiosa*.

Dans quel but, pour quelle raison, les anciens habitants de la vallée du Nil conservaient-ils ces petits insectivores?

On sait, d'après Hérodote[1], que les musaraignes étaient considérées comme des animaux sacrés par les Egyptiens qui les inhumaient dans la ville de Buto, située sur la bouche sébennytique du Nil.

[1] Livre II, chap. LXVII et CLV.

Précédemment nous avons admis « que les musaraignes épargnées par les chats étaient respectées peut-être parce qu'on les croyait hantées par les âmes humaines. De cette croyance vient probablement, disions-nous, le soin avec lequel on protégeait contre la destruction le corps de ce minuscule mammifère[1] ».

Il est permis de croire que les individus embaumés avec beaucoup de soins et conservés dans de petits sarcophages en bois doré étaient, en effet, des animaux sacrés. Mais on doit se demander s'il en était de même des musaraignes momifiées en grand nombre dans les tombeaux d'Akhmîm ou dans les puits de Memphis et de Thèbes. Celles-ci ont toujours été trouvées associées aux oiseaux de proie. De même, les séries d'Akhmîm étaient placées, dans la chambre funéraire, avec des momies de faucons, d'aigles ou d'éperviers. En outre, on a toujours remarqué à l'intérieur de chaque série, tantôt une ou plusieurs plumes d'oiseaux, tantôt des mélanges de petits oiseaux, de serpents, d'insectes et de rongeurs.

Lorsqu'on se rappelle l'usage des anciens Egyptiens de placer dans le tombeau, à côté du défunt, diverses offrandes alimentaires pour contribuer à l'entretien de la vie d'outre-tombe, ne peut-on pas penser, avec M. Loret[2], que ces musaraignes, ainsi que les reptiles et les insectes, étaient mis à côté des rapaces comme provisions destinées à la nourriture des oiseaux sacrés ?

Nous résumons donc ici les caractères des trois espèces de musaraignes que nous avons rencontrées, en les faisant suivre des principales dimensions du crâne et des rayons osseux des membres. Ces indications pourront servir, soit à l'identification des crânes et ossements isolés des petits mammifères de même genre, soit d'éléments de comparaison pour l'étude des restes provenant d'espèces fossiles voisines.

CROCIDURA OLIVIERI, Lesson.

Grande musaraigne, Olivier, *Voyage Emp. Ottoman*, II. Egypte, p. 94, pl. 33, fig. 1.
Sorex Olivieri, Lesson, **Man. mamm.**, 1827, p. 121.
Crocidura Oliveri, Anderson et Winton, *the Mammals of Egypt*, 1902, p. 166. pl. XXIII, fig. 1. — Trouessart,
    Catalogus Mammalium tam viventium quam fossil., 1905, p. 143.

En 1902, le Museum de Lyon a reçu de M. le Dr Walter Innes une musaraigne mâle adulte capturée vivante aux environs du Caire. Elle appartient à l'espèce *Crocidura Olivieri*, qui se reconnaît aux particularités suivantes :

Oreilles bien développées. Queue de longueur moyenne. Face supérieure du corps brun foncé; face inférieure et flancs gris brun avec légers reflets argentés. Queue brune, couverte de poils brun noirâtre courts sur toute sa surface; des poils longs et fins, très clairsemés, se voient sur les deux tiers environ de sa longueur à partir de la base. Les glandes odorantes sont petites et non apparentes; elles sont situées de chaque côté du corps sur la ligne qui sépare la région gris argenté de la région brun foncé, à peu près à égale distance du genou et du coude. La longueur de la tête et du corps est de 98 millimètres; celle de la queue atteint 59 millimètres.

---

[1] *La Faune momifiée*, 1re série, p. 37.
[2] *La Faune momifiée*, 2e série, Préface, p. XII.

Chez les individus de cette espèce, qui ont été trouvés momifiés à Akhmim, voici les dimensions des diverses parties du squelette : longueur maximum du crâne, 26 millimètres ; longueur totale de la rangée dentaire supérieure, 12 millimètres ; longueur des trois arrière-molaires supérieures, 4 mm. 5 ; diamètre maximum de la mâchoire supérieure, 8 millimètres ; longueur totale de la branche mandibulaire, 17 millimètres ; longueur des trois arrière-molaires inférieures, 5 mm. 5. Longueur de l'omoplate, 10 millimètres ; de l'humérus, 12 millimètres ; du radius, 10 millimètres ; longueur du fémur, 14 mm. 5 ; du tibia, 17 millimètres.

La *Crocidura Olivieri* a été signalée vivante à Zagazig et au Caire, par le Dr W. Innes et par M. Charles Rotschild. Nous l'avons trouvée momifiée à Drah–Abou'l–Negga et Akhmim.

CROCIDURA RELIGIOSA, Is. Geoffr.

Sorex religiosus, Is. Geoff., *Mém. Mus.*, 1827, XV, p. 128, pl. 4, fig. 1.
Crocidura religiosa, Anderson, [*the Mammals of Egypt*, 1902, p. 168, pl. 23, fig. 2. — Lortet et Gaillard, *la Faune momifiée de l'ancienne Égypte*, 1903, p. 35, fig. 23. — Trouessart, *Catalogus mammalium*, 1905, p. 143.

La *Crocidura religiosa* est une des plus petites musaraignes. Sa taille est notablement plus faible que celle de la musaraigne musette. Elle est à peu près intermédiaire par ses dimensions, entre *Crocidura aranea* et *Pachyura etrusca*.

Queue relativement longue. Face supérieure du corps gris cendré bleuâtre, avec quelques parties légèrement brunes ; face inférieure gris argenté. Pieds à peu près nus.

Les spécimens momifiés à Akhmim ont généralement 50 millimètres de longueur, de l'extrémité du museau à la base de la queue ; celle-ci mesure 35 millimètres. On doit signaler toutefois un individu dont les dimensions sont sensiblement supérieures : la longueur de la tête et du tronc atteint 60 millimètres, celle de la queue 40 millimètres, bien que les rayons des membres ainsi que le crâne aient à peu près le même développement que chez les individus de taille ordinaire.

Les principales dimensions du squelette sont les suivantes : longueur maximum du crâne, de la grande incisive à l'occipital, 15 millimètres ; longueur totale de la rangée dentaire supé–rieure, 7 millimètres ; longueur des arrière–molaires supérieures, 3 millimètres ; diamètre maximum de la mâchoire supérieure au niveau de M2, 5 millimètres ; longueur totale de la branche mandibulaire, de la grande incisive au condyle, 10 millimètres ; longueur des arrière-molaires inférieures, 3 mm. 2 ; longueur de l'omoplate, 6 millimètres ; longueur de l'humérus, 7 millimètres ; longueur du radius, 6 millimètres ; longueur du fémur, 8 mm. 5 ; longueur du tibia, 11 mm. 5.

La formule dentaire est le plus souvent : $\dfrac{1 - 0 - 4 - 3}{1 - 0 - 2 - 3} = 28$. Sur cinq crânes d'individus momifiés, un seul fait exception avec 30 dents, soit une petite prémolaire de plus, de chaque côté de la mâchoire supérieure. La formule dentaire de ce dernier est ainsi : $\dfrac{1 - 0 - 5 - 3}{1 - 0 - 2 - 3}$.

Il y a quelques années, *Crocidura religiosa* n'était connue en Egypte qu'à l'état momifié.
Elle a été trouvée vivante au Caire en mai 1901, par M. Charles Rotschild. A l'état momifié,
elle a été signalée à Sakkara, Thèbes et Akhmim.

CROCIDURA CRASSICAUDA, Licht.

Sorex giganteus, Is. Geoff., *Mém. Mus.*, XV, 1827, p. 137 *(part.)*, pl. 4, fig. 3.
Sorex crassicaudus, Licht., *Darstell. Säug.*, 1828, pl. 40, fig. 1.
Sorex indicus, Rüpp., *Neue Wirbelth*, 1840, p. 40.
Crocidura gigantea, Lortet et Gaillard, *la Faune momifiée*, p. 33, fig. 22.
Crocidura (Pachyura) crassicauda, Anderson et Winton, *the Mammals of Egypt*, 1902, pl. XXIII, fig. 3. —
    Trouessart, *Cat. mamm.*, 1906, p. 140.

Crocidura crassicauda est une musaraigne de grande taille. Chez cette espèce la couleur
du corps est uniformément gris clair. La queue, très épaisse à la base, se termine en pointe
graduellement ; elle est parsemée de poils argentés courts et très fins ; des poils plus longs sont
disséminés sur toute la surface, mais ils sont très clairsemés et laissent apparaître les petites
écailles de l'épiderme. La peau du museau, des oreilles et des pieds est blanc jaunâtre. Les
glandes odorantes, grandes et apparentes dans les deux sexes, sont placées à une faible distance
en arrière de l'épaule. Chez la femelle il y a trois paires de mamelles inguinales. La formule
dentaire constatée sur cinq crânes d'individus momifiés est de : $\dfrac{1 - 0 - 4 - 3}{1 - 0 - 2 - 3}$, soit en
totalité 28 dents. La longueur de la tête et du tronc atteint 122 millimètres, celle de la queue
est de 80 millimètres.

Longueur maximum du crâne, 31 mm. 5 ; longueur totale de la rangée dentaire supérieure,
14 millimètres ; longueur des arrière-molaires supérieures, 5 millimètres ; diamètre maximum
de la mâchoire supérieure, 9 mm. 5 ; longueur totale de la branche mandibulaire, 19 mm. 5 ;
longueur des arrière-molaires inférieures, 6 millimètres. Longueur de l'omoplate, 12 mm. 5 ;
longueur de l'humérus, 15 millimètres ; longueur du radius, 13 mm. 5 ; longueur du fémur,
18 mm. 5 ; longueur du tibia, 22 millimètres.

Les dimensions précédentes ont toutes été relevées sur le squelette des spécimens momifiés
à Akhmim.

Crocidura crassicauda a été décrite par Anderson d'après des individus de la faune
actuelle de l'Egypte, capturés à Souakim et à Suez.

Cette espèce a été trouvée momifiée à Sakkara, Thèbes, Akhmim et Drah-Abou'l-Negga.

VII

BOVIDÉS

Divers documents se rapportant aux bovidés ont été découverts cette année dans la Haute-Egypte : M. Clermont-Ganneau, membre de l'Institut, assisté de son ancien élève M. J. Clédat, a recueilli dans l'île d'Eléphantine, à Assouan, une nombreuse série de crânes et d'ossements de bœufs; M. Hogarth a trouvé, dans les monuments anciens d'Assiout, plusieurs spécimens de veaux momifiés, ainsi qu'un crâne de bœuf. Momies et ossements surtout, paraissent appartenir à une époque assez reculée que les recherches des égyptologues permettront peut-être d'indiquer d'une manière précise.

OSSEMENTS DE BŒUFS DE L'ILE D'ÉLÉPHANTINE

En faisant des fouilles près de l'emplacement du sanctuaire du dieu Khnoum, à l'extrémité sud de l'île d'Eléphantine, MM. Clermont-Ganneau et Clédat découvrirent, à plusieurs mètres de profondeur, et au-dessus de la salle contenant les sarcophages des béliers dont il est question au chapitre suivant, une abondante série d'ossements et de crânes de bœufs en partie brisés.

Cette trouvaille se compose des pièces suivantes :

Onze crânes et neuf branches mandibulaires; dix vertèbres cervicales, trois lombaires et deux sacrums; deux humérus, six radius, dont un avec les os du carpe et le métacarpe, enfin cinq métacarpiens.

Les membres postérieurs sont représentés par cinq fémurs, quatre tibias et deux métatarsiens; à l'un de ces derniers, sont réunis les os du tarse et les phalanges.

Ces ossements ont tous le même aspect et paraissent avoir la même origine. Des fragments de peau, dont quelques-uns sont encore couverts de poils, adhèrent à certains os, aux méta-carpiens et métatarsiens principalement. Mais, à la surface des têtes osseuses, pas plus que sur les rayons de membres entourés de peau, on ne voit aucun débris de linges, ni la moindre trace de bitume ou de natron résineux.

D'où proviennent donc ces restes squelettiques ? S'agit-il d'offrandes ou de momies dété-riorées au cours des siècles ? On ne saurait l'indiquer d'une manière positive. Le bœuf étant, par excellence, un animal d'offrandes il est permis de dire que ce sont, très probablement, des offrandes desséchées.

Toutefois, la présence de poils à la surface de la peau démontre qu'il ne s'agit pas non plus de quartiers de boucherie ayant subi une cuisson quelconque. D'après les conditions dans lesquelles ils ont été trouvés M. Clermont-Ganneau incline à croire que ces restes proviennent d'animaux offerts en sacrifice, à l'époque hellénique.

Crânes et ossements proviennent d'un bovidé de petite taille appartenant certainement à l'espèce appelée *Bos brachyceros*. Ils ont les mêmes dimensions que ceux précédemment cités, à propos des offrandes alimentaires trouvées dans les tombeaux de Thoutmès III et d'Améno-thès II [1]. D'après le développement des chevilles osseuses des cornes et la forme du front, on peut dire que les crânes se rapportent à des individus de deux à quatre ans, mâles et femelles probablement. Les indications relatives aux sexes ne peuvent être données qu'avec réserves, seul l'examen des bassins, qui manquent malheureusement, permettant d'être affirmatif à cet égard.

VEAUX MOMIFIÉS D'ASSIOUT

Trois momies de cette provenance nous ont été communiquées : deux sont entières, la troisième est décapitée. Deux autres spécimens de même catégorie sont représentés par la tête seulement.

Les veaux découverts à Assiout par M. Hogarth, dans des conditions de gisement que le savant archéologue anglais fera connaître, ont été momifiés suivant le procédé signalé à propos des bœufs de Sakkara.

Ils ont subi une double préparation. Le corps a d'abord été enterré, puis, après la des-truction complète des chairs, les os ont été recueillis et réunis en une masse figurant très grossièrement un animal couché comme un sphinx.

Les ossements de ces veaux sont protégés de différentes enveloppes superposées. Les ver-tèbres, les côtes et les rayons des membres ont été entourés de chiffons et rassemblés de manière à former le tronc de la momie, puis, la tête osseuse ayant été placée, enveloppée de

---

[1] *La Faune momifiée de l'ancienne Égypte*, 2ᵉ série, p. 315.

linges, à l'une des extrémités, le tout a été recouvert d'une forte épaisseur de tiges de papyrus entrecroisées.

On égalisa ensuite avec des chiffons le revêtement de papyrus tandis que la momie entière, entourée de nombreuses bandes d'étoffe jaunâtre, était enfin recouverte d'une dernière couche de bandelettes noires de largeur variable. Ces momies mesurent 0 m. 50 de longueur par 0 m. 30 à 0 m. 35 de hauteur.

L'enveloppe de toile noire est en grande partie détruite sur la momie représentée figure 59. Mais elle est en très bon état à la surface du spécimen reproduit figure 60.

Fig. 59. — VEAU MOMIFIÉ D'ASSIOUT.

La tête de ces sortes de mannequins a été, comme on le voit figure 60, ornée avec beaucoup de soins.

Après avoir remplacé les parties molles par des chiffons, les oreilles et les cornes furent modelées de toutes pièces avec des linges. On figura la bouche, les narines, les yeux au moyen de fines bandelettes, jaunes et noires, entourant également la base des cornes artificielles et le sommet du front. Enfin le triangle sacré en étoffe blanche fut appliqué au milieu du front.

Les ossements des momies d'Assiout se rapportent à des individus très jeunes, de deux à trois semaines au plus. Les fragments de crânes examinés indiquent que ces animaux sont de la race du *Bos Africanus*, de même que le veau momifié de Thèbes, signalé précédemment[1].

[1] *La Faune momifiée de l'ancienne Égypte*, 2e série, p. 259, fig. 128.

Dans la première série de cette étude on a vu que la tête du veau, marquée d'un triangle blanc sur le front et conservée dans la galerie égyptienne du Musée du Louvre[1], provient sans doute du seul Apis authentique trouvé par Mariette, dans le sérapéum de Sakkara. On peut se demander si les momies d'Assiout, qui portent aussi le triangle blanc, ne sont pas les restes, sinon de jeunes Apis, du moins d'animaux regardés comme sacrés, à cause de certaines marques qui ont été décrites avec soin par Hérodote.

[1] *La Faune momifiée*, 1re série, p. 56, fig. 35.

Fig. 60. — VEAU MOMIFIÉ D'ASSIOUT.

VIII

MOUTONS

Plusieurs pièces importantes, relatives à la momification des moutons, ont été recueillies dernièrement dans l'île de l'Eléphantine, à Assouan, par la mission archéologique française

Fig. 61. — Bélier sacré. Ile d'Eléphantine.

dont nous avons parlé plus haut. Les fouilles pratiquées par M. Clermont-Ganneau et son collaborateur M. Clédat sur l'emplacement d'un sanctuaire du dieu Khnoum, amenèrent la découverte, à une grande profondeur, d'une salle contenant quinze caisses en pierre renfermant chacune une momie du bélier divin. Comme l'a fait déjà remarquer M. Clermont-Ganneau, cette salle constituait donc, avec ses quinze sarcophages de granit et de grès, un véritable *khnoubeion*, rappelant quelque peu le Sérapéum de Sakkara.

Khnoum est, comme on sait, le nom sous lequel le dieu Amon était adoré dans le sud de l'Egypte, notamment à Assouan. Sur les monuments anciens, ce dieu est représenté ordinairement avec une tête de bélier. On le voit souvent façonnant, sur un tour à potier, soit une figure humaine, soit l'œuf d'où les êtres vivants seraient sortis, d'après la légende sacrée.

Les béliers de l'île d'Eléphantine étaient revêtus, dans leurs sarcophages, d'une gaine de carton doré. Ces cartonnages ont été trouvés en très bon état de conservation, sauf un seul dont les débris étaient épars autour de la momie. Cette dernière et un second spécimen orné de ses enveloppes dorées nous ont été obligeamment communiqués à Lyon, par les soins de M. Clermont-Ganneau et de M. Maspero.

Fig. 62. — Bélier sacré. Ile d'Eléphantine.

Nous dirons d'abord quelques mots du bélier orné de cartonnages dorés, puis nous examinerons ensuite, dans la seconde pièce, les diverses enveloppes, la disposition des membres, la couleur du pelage, ainsi que le squelette de l'animal embaumé.

Le cartonnage doré se compose des trois pièces suivantes : un plastron, un masque et une sorte de couvre-nuque protégeant le cou, en arrière du masque.

Le plastron qui recouvre complètement la face antérieure est décoré de nombreuses figures en bas-relief. Sur chaque bordure latérale, on aperçoit neuf personnages superposés (fig. 61). En avant, au registre inférieur, est représenté un grand scarabé aux ailes déployées. Il est surmonté du disque solaire, à droite et à gauche duquel se trouvent quatre cynocéphales en adoration. Dans les rangées supérieures, on remarque quelques signes hiéroglyphiques et diverses figures en partie effacées (fig. 62).

Le masque protège la tête jusqu'à la base des cornes. Les yeux et le bord des paupières sont indiqués par des lignes noires. La partie antérieure du masque étant brisée, on ne sait comment étaient figurées les narines et la bouche. Sur le milieu du front, on voit la trace d'un ornement qui a malheureusement disparu.

La troisième partie de l'enveloppe va du sommet de la tête jusqu'au milieu du dos. Elle est décorée de zones vertes alternant avec les rayures dorées. Entre ce dernier cartonnage et le masque sont deux petites oreilles en bois, également doré.

La seconde momie de bélier dont nous allons examiner maintenant les différentes enveloppes puis le contenu est, comme la précédente, de forme rectangulaire, allongée, un peu arrondie sur sa face supérieure. Elle mesure 0 m. 85 centimètres de long par 0 m. 35 de large ; sa hauteur, de la base au sommet de la tête, est de 0 m. 53 centimètres ; la hauteur du tronc atteint seulement 0 m. 30 à 0 m. 35 centimètres.

Il ne s'agit point d'une momification secondaire, comme on l'a vu pour les béliers et les boucs figurés dans la deuxième série de cette étude [1] de même que pour les veaux découverts

---

[1] *La Faune momifiée de l'ancienne Egypte*, 2e série, 1905, p. 270, fig. 139, 143, 146.

à Assiout par M. Hogarth et décrits plus haut. Le corps du bélier de l'île d'Eléphantine a été embaumé en entier, ainsi que les gazelles de Kôm-ombo et le mouflon à manchettes de Gizé[1].

La momie est enveloppée de nombreux linges, très larges, formant une épaisseur de trois à quatre centimètres autour du tronc. La tête a été protégée très soigneusement: après avoir ramené les oreilles contre les joues et introduit dans chaque narine un petit cylindre de toile enduite de substances antiseptiques, la tête a été recouverte, comme le corps, de plusieurs bandelettes

Fig. 63. — Bélier sacré. Ile d'Eléphantine.

superposées. Un certain nombre de bandes entourent à la fois le bélier et les planchettes qui le soutiennent. Sur l'ensemble, enfin, on voit une sorte d'enduit argileux qui, à l'origine, devait couvrir la plus grande partie du tronc de l'animal momifié (fig. 63).

Les linges, de couleur brun-jaunâtre, ont été, comme d'ordinaire, imbibés d'une solution de natron résineux, mais on n'aperçoit aucune trace de goudron. D'après la grande fragilité de la toile, on peut croire que la fabrication de la momie remonte à une époque ancienne.

Lorsqu'on enlève les linges, le bélier de Khnoum apparaît agenouillé, dans la pose hiératique habituelle, tel qu'il est représenté dans les statues qui bordent les entrées du grand temple de Karnak. Les jambes antérieures et postérieures sont repliées sous lui, la queue est ramenée sur le côté gauche du corps. La tête, haute, s'appuie sur une planchette probablement de Cèdre ou de Pin, dressée verticalement au devant du cou. Une seconde planche, assemblée avec la première au moyen de tenons, est placée sous le corps de l'animal.

Comme le montre la figure 64, le bélier d'Eléphantine appartient à la race dont nous avons déjà parlé, sous le nom de « moutons à cornes d'Amon », c'est-à-dire à *Ovis platyura*.

[1] *La Faune momifiée*, 1re série, p. 78 et p. 103.

La morphologie générale de ce mouton a été indiquée précédemment[1], avec celle d'*Ovis longipes*, la race à laquelle se rapporte le bélier à cornes spiralées horizontalement, seul figuré sur les monuments de l'ancien Empire. Ces deux races sont faciles à distinguer l'une de l'autre. Il est donc inutile de rappeler leurs caractères différentiels.

En ce qui concerne le bélier du sanctuaire de Khnoum, nous nous bornerons à remarquer qu'il s'agit d'un individu adulte à poils entièrement noirs ou brun–roussâtre foncé. C'est du moins ce qu'on peut constater pour la tête entière, le cou, ainsi que pour la totalité du dos, de

Fig. 64. — Bélier sacré. Ile d'Éléphantine.

la poitrine et des membres. Les poils de la tête et des oreilles sont très courts ; vers la nuque, ils atteignent 5 à 6 centimètres de longueur.

Il nous a paru intéressant de dégager entièrement le squelette de ce bélier afin de connaître en détail ses particularités ostéologiques. Ces observations auront une grande valeur scientifique, étant basées sur un document dont le lieu de gisement est bien connu, en attendant que l'examen comparé du sarcophage permette, peut–être, aux égyptologues de dire à quelle époque précise il appartient.

Les principales dimensions de la tête osseuse, du tronc et des rayons des membres sont les suivantes :

Longueur du crâne, de la saillie de la nuque à l'extrémité des prémaxillaires. 0,205^{mm}

Longueur basilaire du crâne, du bord antérieur du trou occipital à l'extrémité des prémaxillaires 0,222

Longueur du tronc, de la tubérosité ischiale à la dernière apophyse transverse cervicale 0,685

Longueur du cou, de la dernière apophyse transverse cervicale à l'extrémité supérieure de l'atlas 0,200

[1] *La Faune momifiée de l'ancienne Égypte*, 2ᵉ série, p. 271, fig. 141.

Longueur lombaire, de l'articulation dorso-lombaire à l'articulation lombo‐
sacrée . . . . 0,201^{mm}

Longueur maximum du scapulum osseux, prise suivant l'axe de l'épine
acromienne 0,158

Longueur de l'humérus d'une articulation à l'autre 0,146

Longueur du radius 0,146

Longueur du cubitus, de la surface articulaire inférieure à l'extrémité de
l'olécràne 0,192

Fig. 65. — Bélier sacré. Ile d'Éléphantine.

Longueur de l'olécrâne, du bec à l'extrémité supérieure 0,042

Longueur du métacarpe, d'une articulation à l'autre 0,129

Longueur du métacarpe, y compris la rangée distale du carpe 0,138

Longueur des deux premières phalanges réunies 0,060

Longueur maximum du coxal 0,215

Longueur de l'ilium 0,116

Longueur de l'ischium 0,101

Longueur du fémur, d'une articulation à l'autre 0,190

Longueur du tibia d'une articulation à l'autre 0,208

Longueur du métatarse, d'une articulation à l'autre 0,142

Longueur tarso–métatarsienne, du sommet de l'astragale à l'articulation méta‐
tarso–phalangienne 0,180

Longueur du calcanéum, du bec à l'extrémité supérieure 0,043

Longueur totale, de l'extrémité supérieure du calcanéum à l'extrémité infé‐
rieure du métatarsien. 0,209

Longueur des deux premières phalanges réunies 0,057

Degré de courbure de la colonne vertébrale. . . . . *faible*

Au premier examen, on reconnaît que le squelette représenté figure 63 provient d'un animal ayant vécu en captivité. Les sabots sont, en effet, longs et légèrement déformés, comme on le voit le plus souvent chez les ruminants qui vivent depuis quelque temps en ménageries ou dans les jardins zoologiques.

Le squelette est en assez bon état de conservation. Seule la mâchoire inférieure a été fracturée au niveau des branches montantes. Mais la tête, au front large, au nez fortement convexe, est intacte.

La colonne vertébrale de ce bélier se compose de sept vertèbres cervicales, treize dorsales, six lombaires, quatre sacrées et dix-neuf caudales.

Dans la région dorso-lombaire on remarque la soudure osseuse de cinq vertèbres : la dernière dorsale et les quatre premières lombaires forment une barre absolument rigide. Cette synostose a tout à fait le même aspect que celle signalée précédemment, dans la même région vertébrale, chez des singes de l'ancienne Egypte[1]. Le ligament vertébral est ossifié du côté inférieur, sur une épaisseur de 3 à 4 millimètres. La surface absolument lisse et unie de l'os nouveau, prouve que l'ossification n'est pas due à un processus ulcéreux.

D'après notre éminent collègue, M. le professeur Poncet, ces lésions scléreuses ossifiantes caractérisent les polyarthrites vertébrales. Elles doivent être attribuées à un rhumatisme infectieux dont il semble difficile d'indiquer l'origine d'une manière bien certaine.

Nous rappellerons cependant que les lésions vertébrales des singes, reconnues identiques aux ankyloses vertébrales d'origine tuberculeuse constatées chez l'homme, ont été rattachées par M. le professeur Poncet, au rhumatisme tuberculeux ankylosant des vertèbres.

Signalons enfin, en ce qui concerne les membres du bélier sacré, la brièveté relative des métatarsiens et métacarpiens ainsi que la présence, sur divers rayons osseux, de quelques autres lésions rhumatismales, notamment de légères ostéophytes du côté externe de l'extrémité inférieure des deux radius, de même que sur la face interne de la première phalange du membre antérieur droit.

En résumé, ces différentes lésions rhumatismales des membres et des vertèbres prouvent que le bélier sacré de l'île d'Eléphantine devait vivre, abondamment nourri sans doute, mais privé en partie de lumière et de mouvements, dans quelque réduit ombreux du sanctuaire divin. Nos observations confirment donc pleinement les récits des historiens anciens relativement à la vie des animaux sacrés chez les Egyptiens.

[1] *La Faune momifiée*, 2ᵉ série, p. 229, fig. 95.

IX

OIES DE MEIDOUM

(Fig. 64 et planche en couleurs.)

Les figurations peintes ou sculptées sur les monuments anciens de la vallée du Nil sont, comme les momies animales, des plus précieuses pour l'histoire de la faune pharaonique. La plupart de ces figures ont été dessinées avec un tel souci de l'exactitude, une telle habileté, qu'on peut, le plus souvent, reconnaître à première vue les espèces qui les ont inspirées.

A cet égard, nous connaissons peu de documents plus démonstratifs que le panneau dit des « oies de Meidoum », qui est conservé dans les belles collections du Musée archéologique du Caire, et dont nous nous sommes occupés déjà à propos d'*Anser albifrons*. Ce panneau offre, en effet, l'image peinte, en grandeur naturelle, de trois espèces d'oies aussi ressemblantes que celles reproduites en couleurs dans les meilleures publications modernes.

Ces Anséridés sont représentés par six individus, disposés sur une longue bande rectangulaire, en deux groupes symétriques de trois spécimens. Les oies du groupe de gauche ont la tête tournée à gauche ; celles du côté droit regardent à droite. Les trois individus de gauche se rapportent : le premier à *Anser cinereus*, les deux suivants à *Anser albifrons ;* les oies de droite appartiennent : deux à *Branta ruficollis*, la troisième à *Anser cinereus*, comme celle de l'extrémité opposée.

D'après l'examen d'une reproduction photographique du panneau de Meidoum[1], nous avions d'abord attribué l'individu de l'extrémité droite à *Anser sylvestris*. La vue du monument original, au Musée du Caire, nous a montré notre erreur. Chez *Anser sylvestris*, le bec est noir aux deux bouts, jaune au milieu. Or, sur la photographie du panneau, le bec de l'oie présentant précisément une partie claire entre les deux extrémités foncées, nous avions cru avoir affaire à l'oie sauvage ou des « moissons ». Il n'en est rien. Les individus des deux extrémités du panneau sont représentés avec les mêmes particularités, les mêmes couleurs, ils appartiennent à la même espèce : *Anser cinereus*. La teinte plus claire de la partie médiane

---

[1] *La Faune momifiée*, 2ᵉ série, 1903, p. 298, fig. 174.

du bec est due, non pas à la peinture jaune, mais à une légère trainée blanchâtre empruntée, par frottement peut-être, au fond sur lequel les oiseaux sont figurés.

Lorsqu'on a devant les yeux le panneau de Meidoum, les espèces représentées sont faciles à reconnaître, non seulement grâce à leurs couleurs très fidèlement reproduites et bien conservées, mais grâce aussi à la parfaite observation des proportions relatives du corps, de la tête, du bec et des pattes. L'artiste égyptien a su très bien distinguer par la tête et le bec la bernache des autres oies. Entre celles-ci et celle-là on peut noter toutes les différences qui séparent zoologiquement le genre *Anser* du genre *Branta* (fig. 66).

Les oies proprement dites, celles que les zoologistes réunissent sous le nom de genre *Anser*, se distinguent des divers membres de la famille par un bec à peu près aussi long que la tête, pourvu de lamelles en forme de dents, sur le bord de la mandibule supérieure. Le genre *Anser* a pour type l'oie cendrée vulgaire, l'*oie première* comme on l'a nommée, parce qu'elle est la souche de l'oie domestique. Les espèces de ce genre vivent sur les bords des

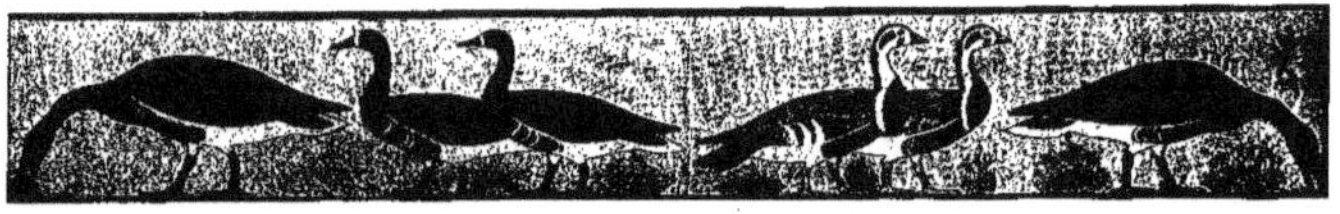

Fig. 66. — Panneau de Meidoum.

mers, des lacs, des marais ou des cours d'eau. Pourtant elles nichent surtout dans le voisinage des eaux douces. Elles se nourrissent principalement d'herbes et de graines qu'elles recherchent dans les prairies et les champs cultivés.

Les bernaches, c'est-à-dire les anséridés du genre *Branta*, ont le bec beaucoup plus court que la tête; les saillies latérales des lamelles transverses sont recouvertes entièrement par le bord de la mandibule supérieure. Elles recherchent également le voisinage des eaux, mais ce sont des espèces plutôt marines, qui se nourrissent de mollusques et de vers, ainsi que d'insectes, de graines ou d'herbes. Elles sont bien moins craintives que la plupart des oies sauvages et se laissent prendre aux pièges beaucoup plus facilement. En automne les bernaches quittent les régions froides et viennent hiverner sur les côtes d'Europe. A la fin d'octobre ou au commencement de novembre, c'est par milliers qu'on les voit sur les plages de la mer du Nord, de la Baltique et de la Caspienne. En février ou mars, elles regagnent le nord des continents asiatique et européen. En Sibérie, Middendorf a trouvé, vers le milieu de juin, des jeunes bernaches qui venaient d'éclore.

Il nous a paru intéressant, pour les égyptologues comme pour les naturalistes, de résumer la morphologie générale des Anséridés de Meidoum, ainsi que les renseignements qu'on possède sur l'aire géographique actuelle et les migrations de chacun. Nous examinerons d'abord les deux espèces du genre *Anser* : *Anser albifrons* et *A. cinereus*, puis *Branta rufi—*

ANSER ALBIFRONS, Scopoli.

Anas septentrionalis sylvestris, Brisson, *Ornithologie*, VI, p. 269 (1760).
Branta albifrons, Scopoli, *Ann. I. Histoire nat.*, p. 69 (1769).
Anser albifrons, Gould, *Birds of Europe*, pl. 349 (1837). — Shelley, *Birds of Egypt*, p. 280 (1872). — Salvadori,
    Cat. of the Brit. Mus., vol. XXVII, p. 92 (1895). — Fatio, *Faune des vertébrés de la Suisse*,
    Oiseaux, II, 1279 (1904). — Lortet et Gaillard, *la Faune momifiée de l'ancienne Egypte*, 2ᵉ partie,
    p. 297 (1905).

L'oie à front blanc ou oie rieuse était bien connue des anciens Egyptiens. Nous l'avons déjà signalée parmi les offrandes alimentaires trouvées dans les tombes d'Amenothès II et Thoutmès III à Biban-el-Molouk, ainsi que dans celle de Maher-Pra (XVIIIᵉ dynastie) à Thèbes. L'une de ces offrandes, remarquablement conservée, était renfermée dans un petit sarcophage en bois catalogué au Musée du Caire sous le nº 24052. Les tombeaux d'Amenothès II et de Thoutmès III contenaient plus de deux cents quartiers de viande de boucherie provenant d'une race de bœuf de petite taille, avec un certain nombre d'os fragmentés se rapportant à l'oie à front blanc, *Anser albifrons*, dont les particularités spécifiques, très bien indiquées sur le panneau de Meidoum, peuvent se résumer ainsi :

Partie antérieure de la tête et front blancs, avec bordure brune ou noire en arrière de la tache blanche. Tête et cou brun cendré, légèrement roussâtre. Dos et couvertures des ailes brun cendré, plumes bordées de brun ou de roux clair. Partie postérieure et croupion cendré noirâtre. Faces inférieures du corps et de la queue blanches ou d'un gris cendré très clair, avec de larges taches brunes ou noires sur la poitrine principalement. Bec entièrement jaune. Pieds jaune orangé ou jaune plus ou moins pâle, suivant l'âge et le sexe. Iris brun.

Longueur du tarse, 63 millimètres suivant Salvadori ; de 62 à 65 millimètres d'après Fatio. Doigt médian avec ongle de 68 à 74 millimètres.

La femelle est un peu moins grande que le mâle, mais elle a le même plumage, la tache blanche du front est de même étendue.

Les jeunes ont le corps de couleur plus foncée avec de légères taches blanches sur le front. Bec jaunâtre. Pieds jaune pâle.

Anser albifrons habite l'été toute la partie septentrionale de la région paléarctique, de l'Islande à la Sibérie et au Groenland.

En octobre ou novembre, elle émigre vers le Sud, sur les côtes de la Méditerranée et de la mer Caspienne, le nord de l'Inde, en Chine et au Japon.

Son passage a été remarqué, dans l'Europe centrale, vers la fin de février ou au commencement de mars. A ce moment, elle retourne dans les régions du Nord, où elle construira son nid en mai.

Suivant Shelley, l'oie à front blanc est la plus abondante de l'Egypte actuelle ; on la rencontre par volées souvent nombreuses, mais elle ne demeure pas dans la vallée du Nil au delà de mars.

ANSER CINEREUS, Meyer.

Anser cinereus, Meyer, *Taschenb.*, II, p. 552 (1810). — Fatio, *Faune des vertébrés de la Suisse, Oiseaux*, II,
    p. 1271 (1904).

Anser ferus (ex Schaeff) Gould, *Birds of Europe*, pl. 347 (1837) — Salvadori, *Cat. Brit. Mus.*, vol. XXVII, p. 89 (1895).
Anser rubrirostris, Salvad., *Cat. Brit. Mus.*, vol. XXVII, p. 91 (1895).

L'oie cendrée vulgaire, figurée aux deux extrémités du panneau de Meidoum, se reconnaît aux caractères suivants :

Tête et cou brun cendré. Dos et couvertures des ailes également brun cendré avec bordure des plumes gris pâle ou blanchâtre. Croupion cendré bleuâtre ; sus-caudales extrêmes et latérales blanches. Queue un peu arrondie ; rectrices brun cendré en dessus, terminées par une large bande blanche. Poitrine cendré blanchâtre ; flancs ondulés de brun. Plumes sous-caudales et anales blanches. Bec entièrement jaune orangé à onglet blanc. Iris brun. Pied jaunâtre plus ou moins foncé, ongles noirs.

Anser cinereus est plus grand que *Anser albifrons*. Suivant Fatio, le tarsométatarsien de l'oie cendrée atteint une longueur de 0,069 à 0,075 millimètres. Le doigt médian avec ongle est long de 0,083 à 0,091 millimètres. Le bec mesure, aux côtés du front, de 0,061 à 0,068 millimètres.

Cette espèce, qui est, avons-nous dit, la souche de l'oie domestique, habite le nord de la zone paléarctique. Elle se reproduit, en Europe et en Asie, entre le 45e et le 66e degré de latitude. En automne, elle émigre vers le sud de ces continents et le nord de l'Afrique, « en Algérie et au Maroc » d'après M. Fatio.

Suivant Salvadori, *Anser cinereus* habite l'ouest de la région paléarctique.

Brehm rapporte que l'oie cendrée visite, dans ses migrations hivernales, tous les pays du midi de l'Europe et du nord des Indes. Elle se montre quelquefois, dit-il, dans le centre des Indes et le nord-ouest de l'Afrique.

La variété *Anser rubrirostris* de l'oie cendrée habite la Sibérie. En hiver, on la rencontre dans le nord de l'Inde et le sud de la Chine.

BRANTA RUFICOLLIS, Pallas.

Anser ruficollis, Pall., *Spicill. zool.*, fasc. VI, p. 21, t. IV (1769).
Bernicla ruficollis, Gould, *Birds of Europe*, pl. 351 (1837).
Branta ruficollis, Salvadori, *Catal. Brit. Mus.*, vol. XXVII, p. 124 (1895).

Les bernaches du monument de Meidoum appartiennent sans le moindre doute à *Branta ruficollis*, qu'on ne peut confondre ni avec la bernache commune, *Branta bernicla*, signalée par Shelley dans la faune actuelle de l'Egypte *(Birds of Egypt*, p. 281), ni avec *Branta leucopsis*. Ces espèces ne portent, en effet, aucune trace des larges taches marron qui se voient en arrière de l'œil et sur la gorge de *Branta ruficollis*.

La bernache à cou roux est un petit anséridé de la taille environ de l'oie à front blanc. Comme dans toutes les espèces du genre *Branta*, la tête est grosse, le bec court, large et haut vers la base, aminci à la pointe. Chez *Branta ruficollis* le plumage du mâle et de la femelle adultes est noir sur la tête et derrière le cou. Le noir de la couronne se prolonge en une bande qui coupe transversalement, au niveau de l'œil, les faces latérales de la tête. La gorge et la face antérieure du cou sont de couleur rouge cannelle, ainsi qu'une tache arrondie qui s'étend sur les côtés de la tête en arrière de l'œil. Les autres parties du cou et de la tête sont blanches.

Dos brun noirâtre, croupion et sus-caudales blanchâtres. Queue arrondie, noire. Ailes brun noirâtre atteignant à peu près l'extrémité de la queue. Poitrine noire ou brun foncé. Ventre et sous-caudales blancs. Flancs blancs avec bandes noires. Quelques plumes pâles des grandes et moyennes couvertures forment deux bandes grisâtres sur les ailes. Bec presque noir. Iris jaunâtre. Pieds brun foncé presque noir. Longueur du tarse, 0,053 millimètres.

La femelle est un peu plus petite que le mâle. Chez les jeunes on voit des plumes brun foncé à la place des plumes noires; les taches rouge cannelle apparaissent progressivement avec l'âge.

Suivant Salvadori, *Branta ruficollis* niche dans les vallées de l'Obi et du Yénisséi. Elle hiverne dans l'ouest de la Sibérie, le nord du Turkestan et sur les bords de la mer Caspienne ; accidentellement elle se montre en Europe ainsi qu'en Egypte.

Pour conclure, nous nous bornerons à constater que, des trois espèces d'oies qui sont figurées sur l'ancienne peinture de la pyramide de Meidoum, une seule, *Anser albifrons*, est commune actuellement dans la vallée du Nil. *Branta ruficollis* n'y est point inconnue pourtant, car nous avons vu plus haut que, de nos jours, elle se montre parfois dans le sud de l'Europe et jusqu'en Egypte. Quant à *Anser cinereus*, nous ne l'avons trouvée signalée dans le nord-est de l'Afrique par aucun auteur. Cette constatation prouve le grand intérêt qui s'attache à l'étude des figurations antiques.

Identifiées avec soin, les représentations peintes ou sculptées ne doivent pas seulement fournir une importante contribution à l'histoire de la faune pharaonique, elles peuvent aussi donner des indications précises sur les changements survenus, au cours des siècles, dans l'habitat ou les migrations de certaines espèces.

Fig. 67. — Tête de lion en ivoire. — Vallée des Singes.

TABLE DES GRAVURES

PLANCHES HORS TEXTE

TABLE DES MATIÈRES

ARCHIVES DU MUSÉUM D'HISTOIRE NATURELLE
DE LYON

SOMMAIRES DES VOLUMES EN VENTE

TOME PREMIER

Station préhistorique de Solutré, par MM. DUCROST et LORTET. — Brèches osseuses des environs de Bastia (Corse), par M. LOCARD. — *Lagomys corsicanus* de Bastia, par M. LORTET. — Études paléontologiques dans le bassin du Rhône, Période quaternaire, par MM. LORTET et CHANTRE. — Végétaux fossiles de Meximieux, par MM. SAPORTA et MARION. — Quelques coupes des terrains tertiaires et quaternaires du bassin du Rhône, par M. FALSAN. — Description des Planches.

TOME SECOND

Description de la faune de la mollasse marine et d'eau douce du Lyonnais et du Dauphiné, par M. LOCARD. — Recherches sur les mastodontes et les faunes mammalogiques qui les accompagnent, par MM. LORTET et CHANTRE.

TOME TROISIÈME

Notes sur quelques mammifères fossiles de l'époque pliocène, par M. FILHOL, avec six planches. — Poissons et reptiles du lac de Tibériade, avec treize planches, par M. L. LORTET. — Malacologie des lacs de Tibériade, d'Antioche et d'Homs, par M. A. LOCARD, avec cinq planches.

TOME QUATRIÈME

Observations sur les Tortues terrestres et paludines du bassin de la Méditerranée, par M. le Dʳ LORTET. — Les terrains tertiaires et quaternaires du promontoire de la Croix-Rousse, par M. FONTANNES. — Recherches sur la succession des faunes de Vertébrés miocènes de la vallée du Rhône, par M. Charles DEPÉRET. — Note sur le *Rhyzoprion bariensis* de Jourdan, par le Dʳ LORTET. — Faune malacologique des terrains néogènes de la Roumanie, par M. FONTANNES.

TOME CINQUIÈME

Les Reptiles fossiles du bassin du Rhône, par le Dʳ LORTET. — La faune des mammifères miocènes de la Grive-Saint-Alban (Isère) et de quelques autres localités du bassin du Rhône. — Documents nouveaux et révision générale, par le Dʳ Ch. DEPÉRET. — Contribution à l'étude des Céphalopodes crétacés du Sud-Est de la France, par MM. SAYN et KILIAN. — Sur quelques Ammonitides, par M. KILIAN.

TOME SIXIÈME

Recherches anthropologiques dans l'Asie occidentale. Missions scientifiques en Transcaucasie, Asie Mineure et Syrie, 1890 à 1894 (avec 43 planches), par M. Ernest CHANTRE. — Note sur quelques espèces de Cyprinodons de l'Asie Mineure et de la Syrie (avec 12 figures dans le texte), par M. Claudius GAILLARD. — Le Rhinocéros de Dusino (*Rhinoceros Etruscus*) (avec 4 planches), par M. Frédéric SACCO. — Étude sur quelques Echinodermes de Ciriu (avec une planche et une figure), par M. DE LORIOL.

TOME SEPTIÈME

Conchyliologie portugaise : les coquilles terrestres des eaux douces et saumâtres, par M. A. LOCARD. — Mammifères miocènes nouveaux ou peu connus de la Grive-Saint-Alban (Isère), par M. Cl. GAILLARD.

TOME HUITIÈME

Recherches anatomiques sur les Camélidés ; anatomie du chameau à deux bosses ; différences entre les deux espèces de chameaux ; différences entre les chameaux et les lamas, par M. F.-X. LESBRE. — La Faune momifiée de l'ancienne Égypte (première série), par MM. le Dʳ LORTET et C. GAILLARD.

TOME NEUVIÈME

Études paléontologiques sur les Lophiodon du Minervois, par Ch. DEPÉRET. — La Faune momifiée d'l'ancienne Égypte (deuxième série), par MM. le Dʳ LORTET et C. GAILLARD. — Contribution à l'anatomie du Porc-Épic commun (*Histrix cristata*), par M. F.-X. LESBRE.

Lyon. — Imprimerie A. Rey et Cⁱᵉ, 4, rue Gentil. — 46189